U0341787

冶金工业出版社

高职高专"十四五"规划教材

现代农机装备操作与保养

主　编　杨　健　雷　进

副主编　林　忠　孙东华　张海燕

　　　　杨欣伦　杨　涛　邵新忠

　　　　刘　昕

北　京

冶金工业出版社

2024

内 容 提 要

本书共分为八章，分别介绍了柴油机、拖拉机、异步电动机、耕整地机械、播种机械、温室大棚机械、收割机械、农用无人机的结构、工作原理、操作方法以及日常保养与维护。

本书可作为高职高专院校农林类专业教材，也可供有关机械类专业的技术人员阅读，同时可作为相关专业的培训教材。

图书在版编目（CIP）数据

现代农机装备操作与保养/杨健，雷进主编 . --北京：冶金工业出版社，2024.5

高职高专"十四五"规划教材

ISBN 978-7-5024-9856-6

Ⅰ.①现…　Ⅱ.①杨…　②雷…　Ⅲ.①农业机械—操作—高等职业教育—教材　②农业机械—保养—高等职业教育—教材　Ⅳ.①S220.7

中国国家版本馆 CIP 数据核字（2024）第 086513 号

现代农机装备操作与保养

出版发行	冶金工业出版社	电　话	(010)64027926
地　址	北京市东城区嵩祝院北巷 39 号	邮　编	100009
网　址	www.mip1953.com	电子信箱	service@ mip1953.com

责任编辑　刘林烨　美术编辑　吕欣童　版式设计　郑小利
责任校对　梁江凤　责任印制　禹　蕊
三河市双峰印刷装订有限公司印刷
2024 年 5 月第 1 版，2024 年 5 月第 1 次印刷
787mm×1092mm　1/16；9.25 印张；218 千字；135 页
定价 49.00 元

投稿电话　(010)64027932　投稿信箱　tougao@cnmip.com.cn
营销中心电话　(010)64044283
冶金工业出版社天猫旗舰店　yjgycbs.tmall.com
（本书如有印装质量问题，本社营销中心负责退换）

前　言

在科技飞速发展的今天，现代农业机械化水平不断提升，各种农机装备不断涌现，成为提高农业生产效率、降低劳动成本的重要工具。为了适应这种变化，培养更多懂技术、会操作的农机手，作者编写了本书。

本书旨在为广大农机操作人员、农业技术人员以及农机专业的学生提供一本全面、系统、实用的学习教材。全书围绕现代农机装备的主要类型和关键技术，分章阐述了各种农机的工作原理、结构特点、操作方法以及日常保养与维护，内容翔实，深入浅出，既适合初学者入门，也适合专业人员进阶。

本书在编写过程中，力求做到理论与实践相结合，既注重理论知识的系统性，又注重实践操作的实用性。同时，还结合当前农机装备的最新发展动态，对新技术、新装备进行了详细介绍，使读者能够及时了解并掌握最新的农机技术。书中编入大量图表和实例，并针对一些常见问题和难点进行了详细解答，旨在帮助读者解决在实际操作过程中遇到的困惑和问题。

本书在编写过程中参考了有关文献资料，在此对其作者表示感谢。

由于作者水平所限，书中不妥之处，敬请广大读者批评指正。

作　者
2024 年 3 月

目　录

第一章　柴油机 …………………………………………………………………… 1

第一节　柴油机概述 ……………………………………………………………… 1
　　一、柴油机的主要组成 ……………………………………………………… 1
　　二、柴油机工作过程 ………………………………………………………… 2
第二节　曲柄连杆机构与机体零件 ……………………………………………… 4
　　一、曲柄连杆机构 …………………………………………………………… 4
　　二、机体零件 ………………………………………………………………… 7
第三节　配气机构 ………………………………………………………………… 7
　　一、气门组概述 ……………………………………………………………… 8
　　二、气门传动组 ……………………………………………………………… 9
　　三、气门驱动形式 …………………………………………………………… 10
　　四、配气相位 ………………………………………………………………… 11
第四节　柴油机燃油供给系统 …………………………………………………… 12
　　一、柴油机燃油供给系统的组成与工作原理 ……………………………… 12
　　二、柴油机燃油供给系统的主要部件 ……………………………………… 12
第五节　进排气系统 ……………………………………………………………… 17
　　一、进气系统 ………………………………………………………………… 17
　　二、排气系统 ………………………………………………………………… 19
第六节　润滑系统 ………………………………………………………………… 20
　　一、润滑系统概述 …………………………………………………………… 20
　　二、润滑系统的组成与工作原理 …………………………………………… 20
第七节　冷却系统 ………………………………………………………………… 22
　　一、冷却系统概述 …………………………………………………………… 22
　　二、冷却系统的主要机件 …………………………………………………… 23
第八节　启动装置 ………………………………………………………………… 24
　　一、内燃机的启动方式 ……………………………………………………… 24
　　二、汽油启动机的传动系统 ………………………………………………… 24
　　三、电启动机啮合驱动机构 ………………………………………………… 25

第二章　拖拉机 …………………………………………………………………… 26

第一节　拖拉机的发展历程和趋势 ……………………………………………… 26
　　一、中国拖拉机的发展历程 ………………………………………………… 26

二、拖拉机的发展趋势 ……………………………………… 26
第二节　拖拉机的类型特点和型号 ……………………………… 27
一、拖拉机的类型 ………………………………………… 27
二、不同类型拖拉机的特点 ……………………………… 29
三、拖拉机的总体构造 …………………………………… 31
第三节　传动系统 …………………………………………… 31
一、离合器 ………………………………………………… 32
二、变速器 ………………………………………………… 35
第四节　行走系统 …………………………………………… 38
一、轮式拖拉机行走系统 ………………………………… 38
二、履带式拖拉机行走系统 ……………………………… 40
第五节　转向系统 …………………………………………… 41
一、轮式车辆转向系统 …………………………………… 42
二、履带式拖拉机的转向系统 …………………………… 43
第六节　制动系统 …………………………………………… 44
一、鼓式制动 ……………………………………………… 44
二、盘式制动 ……………………………………………… 45
第七节　牵引装置和液压悬挂系统 ……………………………… 47
一、拖拉机与农具的连接方式 …………………………… 47
二、牵引装置 ……………………………………………… 47
三、液压悬挂装置 ………………………………………… 47
四、耕深调节方式 ………………………………………… 48
第八节　拖拉机电气设备 ………………………………………… 50
一、车用电源设备 ………………………………………… 50
二、车辆用电设备 ………………………………………… 50
三、车辆电气系统的特点 ………………………………… 51
四、车辆电气设备总线路 ………………………………… 52
第九节　拖拉机的使用和保养 …………………………………… 53
一、磨合试运转 …………………………………………… 53
二、拖拉机的操作 ………………………………………… 53
三、拖拉机的技术保养 …………………………………… 56

第三章　异步电动机 ……………………………………………… 58

第一节　异步电动机概述 ………………………………………… 58
一、异步电动机的种类和用途 …………………………… 58
二、三相鼠笼式电动机 …………………………………… 58
三、三相鼠笼式电动机的构造 …………………………… 58
四、三相鼠笼式电动机的工作原理 ……………………… 59
第二节　三相鼠笼式电动机的铭牌 ……………………………… 61

第三节　异步电动机的使用 ………………………………………… 63
　　一、电动机的选择 …………………………………………………… 63
　　二、电动机的安装 …………………………………………………… 67
　　三、电动机的运行过程涉及启动和运行两个阶段 ………………… 68
　　四、电动机的保养 …………………………………………………… 69

第四章　耕整地机械 ………………………………………………… 70
　第一节　耕地机械概述 ……………………………………………… 70
　　一、铧式犁的类型及特点 …………………………………………… 70
　　二、铧式犁的组成 …………………………………………………… 71
　　三、铧式犁的辅助部件 ……………………………………………… 74
　第二节　犁的使用 …………………………………………………… 76
　　一、注意事项 ………………………………………………………… 76
　　二、犁的保养 ………………………………………………………… 76
　　三、耕地方法 ………………………………………………………… 78
　第三节　旋耕机 ……………………………………………………… 80
　　一、旋耕机的工作原理 ……………………………………………… 80
　　二、旋耕机的类型和一般构造 ……………………………………… 81
　　三、操作与保养 ……………………………………………………… 82
　第四节　整地机械 …………………………………………………… 83
　　一、整地的目的 ……………………………………………………… 83
　　二、耕整地作业的农业技术要求 …………………………………… 84

第五章　播种机械 …………………………………………………… 85
　第一节　播种的农业技术要求及播种机的种类 …………………… 85
　　一、机械播种的农业技术要求 ……………………………………… 85
　　二、播种机械的种类 ………………………………………………… 85
　第二节　播种机的使用 ……………………………………………… 87
　　一、播量的确定和调整 ……………………………………………… 87
　　二、开沟器的安装调整 ……………………………………………… 89
　　三、划印器臂长的计算和调整 ……………………………………… 90
　　四、田间播种 ………………………………………………………… 91
　第三节　水稻插秧机 ………………………………………………… 93
　　一、稻插秧的农业技术要求及插秧机的种类 ……………………… 93
　　二、插秧机的使用 …………………………………………………… 95
　　三、插秧机的维护保养 ……………………………………………… 97

第六章　温室大棚机械 ……………………………………………… 99
　第一节　电动卷帘机 ………………………………………………… 99

一、电动卷帘机使用操作规程和注意事项 ……………………………… 99
二、电动卷帘机的保养与维修 …………………………………………… 99

第二节　大棚耕作机 ……………………………………………………… 100
一、大棚耕作机的使用注意事项 ………………………………………… 100
二、大棚耕作机的保养与维护 …………………………………………… 101

第三节　温室大棚滴灌机械 ……………………………………………… 101
一、选择合适的滴灌机械 ………………………………………………… 101
二、滴灌机械的使用与维护 ……………………………………………… 102

第七章　收割机械 ………………………………………………………… 103

第一节　水稻收割机 ……………………………………………………… 103
一、使用要点 ……………………………………………………………… 103
二、使用注意事项 ………………………………………………………… 104

第二节　玉米收割机 ……………………………………………………… 105
一、机械收割玉米的方法 ………………………………………………… 105
二、玉米联合收割机的类型 ……………………………………………… 106

第三节　小麦收割机 ……………………………………………………… 109
一、小麦联合收割机的一般组成和工作过程 …………………………… 109
二、小麦联合收割机的使用 ……………………………………………… 110
三、小麦联合收割机的主要调整 ………………………………………… 112
四、安全操作 ……………………………………………………………… 113

第四节　花生收割机 ……………………………………………………… 114
一、基本结构 ……………………………………………………………… 114
二、工作过程 ……………………………………………………………… 116
三、花生联合收割机的正确使用 ………………………………………… 116

第五节　玉米脱粒机 ……………………………………………………… 117
一、玉米脱粒的组成及工作过程 ………………………………………… 117
二、安全使用注意事项 …………………………………………………… 117
三、维护与保养 …………………………………………………………… 118

第八章　农用无人机 ……………………………………………………… 120

第一节　无人机概述 ……………………………………………………… 120
一、无人机用途 …………………………………………………………… 120
二、无人机的构成 ………………………………………………………… 121

第二节　无人机系统 ……………………………………………………… 123
一、无人机平台分系统 …………………………………………………… 123
二、数据链分系统 ………………………………………………………… 123
三、发射与回收分系统 …………………………………………………… 123
四、保障与维修分系统 …………………………………………………… 124

第三节　飞行前准备与飞行操作…………………………………………124

一、飞行前准备………………………………………………………………124

二、飞行器操控………………………………………………………………127

三、飞行后维护………………………………………………………………130

第四节　植保无人机…………………………………………………………130

一、植保无人机概述…………………………………………………………130

二、植保无人机喷洒技术……………………………………………………131

三、农用植保无人机喷洒作业………………………………………………132

参考文献…………………………………………………………………………135

第一章　柴　油　机

第一节　柴油机概述

内燃机有两种常见类型：汽油机和柴油机。汽油机使用汽油作为燃料，而柴油机则使用柴油作为燃料。这两者在工作原理上有两个主要区别。首先，可燃混合气的形成方式不同。汽油机在气缸外部形成可燃混合气，而柴油机在气缸内部形成可燃混合气。其次，可燃混合气的点燃方式也不同。汽油机的可燃混合气是通过点燃方式点燃的，而柴油机的可燃混合气则是通过压燃方式点燃的。相比汽油机，柴油机具有一些优点。例如：柴油机的压缩比大，因此动力性能更好；而且没有点火系统，所以故障率较低；此外，由于柴油价格相对较低，因此使用成本也较低。由于这些优点，柴油机在农业生产领域得到了广泛应用。

一、柴油机的主要组成

柴油机与汽油机在结构上有所不同，柴油机缺少一个点火系统。柴油机主要由曲柄连杆机构、配气机构、燃料供给系统、进排气系统、润滑系统、冷却系统和启动装置组成。

（一）曲柄连杆机构

曲柄连杆机构是柴油机实现工作循环和能量转换的主要运动零件，它由机体组、活塞连杆组和曲轴飞轮组等组成。在做功行程中，活塞承受燃气压力在气缸内做直线运动，通过连杆转换成曲轴的旋转运动，并从曲轴对外输出动力。而在进气、压缩和排气行程中，飞轮释放能量又把曲轴的旋转运动转化成活塞的直线运动。

（二）配气机构

配气机构根据发动机的工作顺序和工作过程，定时开启和关闭进气门和排气门，使可燃混合气或空气进入气缸，并使废气从气缸内排出，实现换气过程。配气机构大多采用顶置气门式配气机构，一般由气门组、气门传动组和气门驱动组组成。

（三）燃料供给系统

燃料供给系统把燃油箱内的柴油由输油泵吸出，并压至滤清器过滤后送入喷油泵。再由喷油泵增压后经高压油管送到喷油器而喷入燃烧室，与空气形成可燃混合气。

（四）进排气系统

进排气系统的主要职责是向各个气缸提供均匀且纯净的空气，并确保燃烧做功后产生的废气能够及时排出。

（五）润滑系统

润滑系统的任务是向存在相对运动的零件表面输送定量的清洁润滑油，以实现液体摩擦，从而减小摩擦阻力，减轻机件的磨损。此外，润滑系统还对零件表面进行清洗和冷却。该系统通常由润滑油道、机油泵、机油滤清器和一些阀门等组成。

（六）冷却系统

冷却系统的功能是确保发动机处于最适宜的温度状态，即将受热零件吸收的部分热量及时散发出去。

（七）启动装置

启动装置的作用是使发动机从静止状态过渡到工作状态，并确保发动机启动正常。

二、柴油机工作过程

（一）柴油机工作的基本概念

单缸四行程柴油机的工作过程，如图 1-1 所示。柴油机的工作是连续不断进行的，曲轴不断地旋转，活塞在气缸内不断地做往复运动，进排气门也在不断地打开与关闭。柴油机工作具有以下一些基本概念。

（1）上止点：活塞在气缸中运动，活塞运动到离曲轴中心最远时，活塞顶部所处的位置称为上止点。

（2）下止点：活塞在气缸中运动，活塞运动到离曲轴中心最近时，活塞顶部所处的位置称为下止点。

（3）活塞行程 S：上下止点之间的距离称为活塞行程，一般用 S 表示，单位为厘米（cm）。

（4）工作容积 V_h：活塞从上止点运动到下止点所扫过的空间容积称为工作容积，一般用 V_h 表示，单位为升（L）。

（5）燃烧室容积：活塞处于上止点时，活塞顶部与缸盖之间的空间容积称为燃烧室容积，一般用 $V_总$ 表示，单位为升（L）。

（6）总容积：活塞处于下止点时，活塞顶部与缸盖之间的空间容积称为总容积，一般用 $V_总$ 表示，单位为升（L）。

$$V_总 = V_h + V_c$$

（7）压缩比：总容积与燃烧室容积之比称为压缩比，一般用 ε 表示。压缩比表示气体在气缸中被压缩的程度。压缩比越大，表示气体在气缸中被压缩得

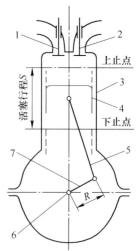

图 1-1　柴油机工作过程
1—进气门；2—排气门；3—气缸；4—活塞；
5—连杆；6—曲轴中心；7—曲柄

越厉害，压缩终了时气体的温度和压力就越高。

$$\varepsilon = V_{总}/V_c = 1 + V_h/V_c$$

一般汽油机压缩比 $\varepsilon = 6 \sim 10$，柴油机压缩比 $\varepsilon = 6 \sim 22$。

（8）总排量：各个气缸工作容积之和称为总排量（简称为排量），一般用 V 表示，单位为升（L）。

$$V = iV_h$$

（9）工作循环：柴油机在工作时需要经历进气、压缩、做功和排气四个过程，这四个过程的组合称为一个工作循环。根据活塞在气缸中完成一个工作循环的行程数不同，柴油机被分为二行程柴油机和四行程柴油机。

（10）二行程柴油机：二行程柴油机是指活塞在气缸中经过两个行程来完成一个工作循环的柴油机。

（11）四行程柴油机：活塞在气缸中经过四个行程来完成一个工作循环的发动机称为四行程柴油机。在四行程柴油机中，活塞需要经过进气、压缩、做功和排气四个行程才能完成一个工作循环。

（二）单缸四行程柴油机的工作过程

四行程柴油机工作时要经历进气、压缩、做功和排气四个过程。图1-2为单缸四行程柴油机的工作过程。

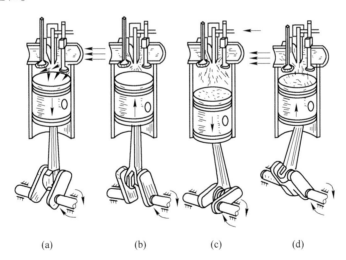

图1-2　单缸四行程柴油机工作过程
（a）进气行程；（b）压缩行程；（c）做功行程；（d）排气行程

1. 进气行程

曲轴旋转第一个半周，经连杆带动活塞从上止点向下止点运动，使气缸内产生真空吸力。此时进气门打开，排气门关闭，新鲜空气被吸入气缸。进气终了时，进气门关闭，如图1-2（a）所示。

2. 压缩行程

在四行程柴油机中，当曲轴旋转到第二个半周时，活塞会从下止点向上止点运动。此时，进气和排气门都处于关闭状态。随着活塞向上运动，气缸内的气体受到压缩，其温度和压力逐渐增加。压缩行程结束时，气缸内的温度和压力已经远远超过了进气行程结束时的温度和压力，如图1-2（b）所示。

3. 做功行程

在四行程柴油机中，当压缩行程接近结束时，活塞在上止点前10°～35°曲轴转角的位置，此时喷油器将高压柴油以雾状形式喷入气缸，并与被压缩的高温空气混合后自行着火燃烧。此时进气和排气门都处于关闭状态，气缸内的温度和压力急剧升高。高温高压气体推动活塞迅速向下运动，通过连杆带动曲轴旋转第三个半周。当活塞到达下止点时，做功行程结束，如图1-2（c）所示。

4. 排气行程

排气行程曲轴旋转第四个半周，带动活塞从下止点向上止点运动。此时排气门打开，进气门关闭，燃烧后的废气随活塞上行被排出气缸外，如图1-2（d）所示。

排气行程结束后，曲轴依靠飞轮转动的惯性仍继续旋转，上述各过程又重复进行。由此可见，四行程柴油机每完成一个工作循环，曲轴旋转两圈，即旋转720°。

（三）多缸四行程柴油机的工作过程

多缸四行程柴油机具有两个或两个以上的气缸，可以看成由若干单缸发动机将曲轴连接在一起组合而成的，曲轴每旋转720°，各个气缸都完成一个工作循环，各缸的同名行程是在相同的时间间隔内交替进行的，并且均匀分布720°的曲轴转角范围，同名行程的时间间隔角为

$$\phi = 720°/i$$

式中　i——气缸数。

如三缸的间隔角为720°/3 = 240°，四缸间隔角为720°/4 = 180°，六缸间隔角为720°/6 = 120°。

在拖拉机上，通常会安装四缸柴油机。每当曲轴旋转两周，四个气缸会按照一定的工作顺序轮流进行做功，每个气缸都会完成一个完整的工作循环。具体的工作顺序有两种：分别是1-3-4-2和1-2-4-3。这两种顺序的主要区别在于各个气缸做功的时序不同，目的是使柴油机能够更加平稳地运转，提高工作效率。通过不同的工作顺序，可以平衡各气缸的负荷，减少振动和噪声，使柴油机的运行更加稳定和可靠。

第二节　曲柄连杆机构与机体零件

一、曲柄连杆机构

曲柄连杆机构是发动机的核心组成部分，主要由活塞组、连杆组和曲轴飞轮组等组合而成。这些组件协同工作，使发动机能够完成工作循环并实现能量的转换。

在做功行程中，活塞受到燃气压力的作用，在气缸内进行直线运动。这个直线运动通过连杆的传递，被转换为曲轴的旋转运动。曲轴的旋转运动是发动机产生动力的关键，它从曲轴输出，驱动车辆或其他机械设备运行。

而在进气、压缩和排气行程中，情况则有所不同。在这些行程中，飞轮的储能功能起到关键作用。飞轮释放储存的能量，将曲轴的旋转运动再次转化为活塞的直线运动，从而完成整个工作循环。这一系列的转化过程体现了曲柄连杆机构在发动机中的重要地位和作用。

（一）活塞组

活塞组包括活塞、活塞环和活塞销，如图1-3所示。活塞是一个圆筒形部件，安装在气缸内，顶部与气缸体、气缸盖共同组成燃烧室，周期性地承受气缸内燃烧气体的压力，并通过活塞销将力传递给连杆，以推动曲轴旋转。由于活塞在高温、高压、高速的条件下工作，因此要求它具有足够的强度和刚度，并具备耐磨、质量轻、密封性好的特点。活塞一般由铝合金制成，分为顶部、防漏部和裙部三个部分。

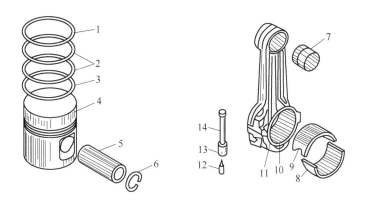

图1-3　活塞连杆组

1，2—气环；3—油环；4—活塞；5—活塞销；6—活塞销挡圈；7—连杆小头铜套；
8，9—连杆轴瓦；10—连杆盖；11—连杆体；12—开口销；13—连杆螺母；14—连杆螺栓

活塞环包括气环和油环。气环主要起密封和传热作用，油环主要起布油和刮油作用。为使活塞环受热后有膨胀的余地，装入气缸后，在接口处及沿环槽高度的方向都留有一定的间隙，称为开口间隙和边间隙。当间隙超过规定值后，应更换新的活塞环。一般柴油机有3~4道气环和1~2道油环。安装时，各环的开口应互相错开，并应避开活塞销座孔的位置，以提高密封性。

活塞销的作用是连接活塞和连杆小头，并将活塞承受的气体压力传递给连杆。在柴油机上，通常采用"浮式"安装方法，即活塞销在销座孔和连杆小头铜套内均可转动，但在两端活塞销座孔处有弹性卡簧，以防止活塞销轴向窜动。这种安装方法可以减少摩擦阻力，提高活塞销的使用寿命。

（二）连杆组

连杆组是发动机中的重要组成部分，主要由连杆、连杆螺栓和连杆轴承组成。其主要

功用是连接活塞和曲轴，传递活塞所承受的力，并将活塞的往复运动转化为曲轴的旋转运动。

具体来说，连杆小头与活塞销相连接，而连杆大头则与曲轴相连接。为了确保活塞销与连杆小头之间的顺畅润滑，连杆小头孔内压有耐磨的青铜衬套，并且衬套内开有润滑用的油孔和油道。

连杆的杆身被设计成工字形断面，以增加其强度。内部设有油道，能够将连杆大头内的润滑油引导至小头进行润滑。为了方便安装，连杆大头通常被设计成可分开的结构，并使用连杆螺栓进行固定。

为了减少曲轴的磨损，连杆大头内装有连杆轴瓦。这些轴瓦也被分为两半，安装时通过其定位唇卡在大头相应位置的凹槽中，从而防止在工作中连杆轴承发生转动或轴向移动。润滑油通过油道被压送到连杆轴承的工作表面，以确保其良好的润滑效果。

（三）曲轴飞轮组

曲轴飞轮组是发动机的重要组件，其组成如图1-4所示。曲轴的主要作用是将活塞的往复运动转化为旋转运动，并将连杆传递的切向力转化为扭矩。这样，曲轴就能够对外输出功率并驱动各辅助系统。

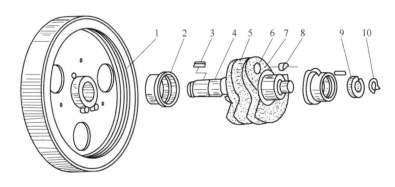

图 1-4 单缸柴油机的曲轴飞轮组
1—飞轮；2—主轴承；3—键；4—主轴颈；5—曲柄销；6—离心净化室；
7—曲柄；8—螺塞；9—曲轴正时齿轮；10—挡圈

曲轴分为主轴颈、曲柄销、曲柄、曲轴前端和曲轴后端五个主要部分。曲轴前端装有正时齿轮、甩油盘、风扇皮带轮和启动爪等零件，后端则固定着飞轮。主轴颈被安装在曲轴箱的主轴承内，大多数主轴承都采用滑动轴承，这种轴承具有油道，可以输送压力润滑油进行润滑。曲柄销与连杆大端相连，曲柄销上设有油道，与主轴颈的油道相通。曲柄则是主轴颈和曲柄销之间的连接部分。

飞轮是一个铸铁圆盘，通过螺栓被固定在曲轴后端的接盘上。飞轮上刻有表示活塞在气缸中特定位置的记号，因此曲轴和飞轮的连接必须严格定位。通常采用定位销进行定位，也有采用将两个飞轮螺栓颈部滚花或加工成不对称的螺孔进行定位的方式。飞轮的边缘上一般都镶有齿圈，以便在启动时由启动机小齿轮带动旋转。

飞轮的功用是储存和释放能量，帮助曲柄连杆机构越过上止点、下止点，以完成辅助行程，使曲轴旋转均匀。此外，它还能帮助克服短时间的超负荷。飞轮是一个重要的部件，它的设计和制造对发动机的性能有着重要的影响。

二、机体零件

机体是内燃机的骨架，在机体内外安装着内燃机所有主要的零部件和附件。它由气缸体、曲轴箱及油底壳等组成，如图1-5所示。机体承受着燃烧气体的压力、往复运动惯性力、旋转运动惯性力、螺栓预紧力等，受力情况十分复杂。因此，机体应有足够的强度和刚度，以保证各主要运动部件之间正确的安装位置。

气缸套是燃烧室的组成部分，活塞在其间做往复运动。气缸以气缸套的形式与机体分开，这样做的目的是降低机体成本，同时方便更换磨损的气缸套，而无须将整个机体报废。根据气缸套外表面是否直接与冷却水接触，气缸套可分为湿式和干式两种。

气缸盖（见图1-6）用以密封气缸，构成燃烧室。缸盖上安装有喷油器或火花塞、进排气门，以及布置进排气道和冷却水通道。由于气缸盖结构形状非常复杂，温度分布很不均匀，因此要求缸盖应具有足够的强度和刚度，另外还要冷却可靠，进、排气道的流通阻力要小。

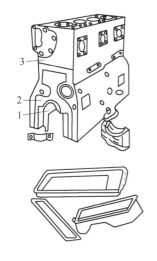 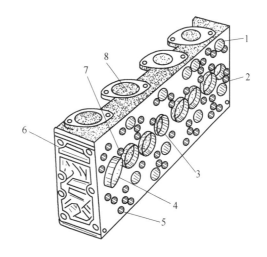

图1-5　机体　　　　　　　　　图1-6　气缸盖
1—主轴承座；2—上曲轴箱；3—气缸体　　　1—挺柱孔；2—缸盖螺栓孔；3—排气门座圈孔；
　　　　　　　　　　　　　　　4—进气门座圈孔；5—冷却水孔；6—冷却水出水道；
　　　　　　　　　　　　　　　　　　7—喷油器孔；8—进气道

气缸垫大多采用金属-石棉缸垫，安装在缸盖与机体之间，其功用是保证气缸盖与机体接触面的密封，防止漏水、漏气。

第三节　配气机构

配气机构由气门组、气门传动组和气门驱动组组成。其功用是根据发动机的工作顺序和工作过程，定时开启和关闭进气门和排气门，使可燃混合气或空气进入气缸，并使废气从气缸内排出，实现换气过程。

一、气门组概述

气门组包括气门、气门导管、气门座及气门弹簧等零件，如图1-7所示。

（一）气门组

气门组是发动机的关键部件之一，由气门头部和杆部组成。气门头部在高温环境下承受气体压力、气门弹簧的作用力和传动组件惯性力，同时润滑和冷却条件较差，因此气门必须具备足够的强度、刚度、耐热和耐磨性能。

进气门一般采用合金钢（如铬钢、硅铬钢），而排气门则采用耐热合金（如硅铬钢）。为了节省材料，有时排气门的头部采用耐热合金，而杆部则采用铬钢，然后将两者焊接起来。

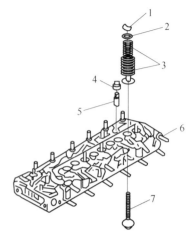

图1-7　气门组
1—弹簧座锁片；2—气门弹簧座；
3—气门弹簧；4—气门油封；
5—气门导管；6—气缸体；7—气门

气门头部的形状有平顶、球面顶和喇叭顶等，其中平顶气门头部结构简单、制造方便、吸热面积小、质量较小，适用于进气门和排气门。球面顶气门适用于排气门，具有强度高、排气阻力小、废气消除效果好等优点，但受热面积大、质量和惯性大、加工复杂。喇叭顶有一定的流线型，可减少进气阻力，但头部受热面积大，只适合用于进气门。

气门杆呈圆柱形，并在气门导管中进行往复运动。为了提高其硬度和耐磨损性能，其表面通常需要进行热处理和磨光。气门杆端部的形状取决于气门弹簧的固定形式，其中常用的结构是使用两个锁片来固定弹簧座。气门杆的端部具有一个环槽，用于安装锁片，而有的则使用锁销来进行固定。在气门杆的端部，会留有一个安装锁销用的孔。

（二）气门导管

气门导管的作用是提供导向，确保气门进行直线运动，从而使气门与气门座能够正确贴合。此外，它还在气门杆与气缸体之间起到导热作用。由于工作温度较高，气门杆在其中运动，仅依赖配气机构飞溅出的机油进行润滑，因此容易磨损。为了应对这种情况，大多数气门导管都采用灰铸铁、球墨铸铁等材质制造。气门导管的外圆柱面经过机加工后压入气缸盖，为防止使用中松脱，部分发动机使用卡环进行定位。气门杆与气门导管之间留有 0.05～0.12 mm 的间隙，确保气门杆能够在导管中自由运动。

（三）气门座

气门座可以是在气缸盖上直接通过镗削加工而得到的，或者使用优质材料单独制作，然后将其镶嵌到气缸盖上。这些气门座与气门的头部共同构成对气缸的密封，并承受来自气门的热量。

由于进气门的温度相对较低，通常可以直接在气缸盖上加工得到。然而，排气门的温度较高，润滑条件较差，因此更容易磨损。为了解决这个问题，排气门通常采用镶嵌式设计。这种设计的缺点是导热性能较差，加工精度要求高，并且容易脱落。相比之下，直接加工出的气门座更为优秀。

当使用铝合金的气缸盖时，由于铝合金材质较软，进气门和排气门都采用镶嵌式设计。

（四）气门弹簧

气门弹簧的作用是克服气门关闭过程中气门及传动件的惯性力，防止各传动件之间的惯性作用产生间隙，确保气门及时坐落并紧密接触，防止气门在发动机振动时发生跳动而破坏其密封性。

为了实现这一功能，气门弹簧通常采用圆柱形螺旋弹簧，使用高碳合金钢冷拔钢丝制成，加工后进行热处理，钢丝表面经过磨光、抛光或喷丸处理以防止生锈。

为了提高其可靠性，一些高速发动机采用了同心安装的内、外两根气门弹簧的设计。这样不仅能防止共振，而且当一根弹簧折断时，另一根还可以维持工作。此外，这种设计还能减少气门弹簧的高度。当安装两根气门弹簧时，弹簧圈的螺旋方向应相反，以防止折断的弹簧圈卡入另一个弹簧圈。

二、气门传动组

气门传动组主要包括凸轮轴、挺柱及其导杆、推杆、摇臂和摇臂轴等部件。它的作用是确保进排气门按照配气相位的规定时刻进行开启和关闭，并保证有足够的开启程度。

（一）凸轮轴

凸轮轴是配气机构的关键部件，负责控制气门的配气相位，部分发动机还用来驱动机油泵、汽油泵和分电器。它主要由进排气凸轮、支撑轴、正时齿轮轴、机油泵及分电器驱动齿轮等组成。

为了减少凸轮轴的变形，避免配气机构工作失常，凸轮轴的支撑大多采用全支撑方式，少数发动机为非全支撑方式。同时，为了保证配气机构正常工作，凸轮在凸轮轴上的相对角位置有严格要求。同一气缸的各排气凸轮的相对角位置，确保一个工作循环中的配气相位；各缸进气（或排气）凸轮的相对角位置则应与发动机的点火次序相一致。因此，通过了解凸轮轴的旋转方向和各进气凸轮（或排气凸轮）的工作次序，可以判断发动机的点火次序。

凸轮轴通常由曲轴通过一对正时齿轮驱动，在装配曲轴和凸轮轴时，必须将正时记号对准，以保证正确的配气相位和发火时刻。为了防止凸轮轴的轴向移动，凸轮轴必须有轴向定位装置。现代柴油发动机的凸轮多采用止推凸缘定位装置，即将止推凸缘装在凸轮轴第一道轴颈前的凸台上，凸台比止推凸缘厚，以保证止推凸缘与正时齿轮之间的轴向间隙符合规定。

凸轮轴的材料一般用优质钢模锻而成，也可以采用合金铸铁或球墨铸铁铸造，凸轮和轴径的工作表面一般经过热处理后精磨，以改善耐磨性。

（二）气门挺柱

气门挺柱的主要功能是将凸轮的推力传递给推杆（或气门杆），并承受凸轮轴旋转时所产生的侧向力。对于气门侧置式配气机构，其挺柱通常采用滚轮式设计，顶部装有调节螺钉，用于调节气门间隙。对于气门顶置式配气机构，其挺柱通常制成筒式，以减轻重量。滚轮式挺柱的优点在于可以减小摩擦对挺柱产生的侧向力，但这种结构较为复杂，重量较大，通常用于大缸径柴油机。挺柱通常由镣馅合金铸铁或冷激合金铸铁制造，摩擦表面经过热处理和精磨。有的发动机的挺柱直接装在气缸体上相应的导向孔中，也有的发动机的挺柱装在可拆式的挺柱导向体中。

现在，液压挺柱的应用非常普遍。液压挺柱的工作主要依赖于机油压力、挺柱体与座孔间隙、气门杆与挺柱间隙以及挺柱内止回球阀。液压挺柱刚开始工作时，由于腔内无油压，挺柱柱塞处于最底部，此时挺柱与气门间隙较大，可能导致气门产生短时异响。但随着发动机的运转，机油压力的作用下，挺柱内柱塞腔内开始充注油液，柱塞下行，挺柱有效工作长度增加，气门间隙逐渐减小。由于挺柱内柱塞所产生的力较小，不能产生压缩气门弹簧的力量，因此当挺柱与气门间隙达到很小时，挺柱停止运动。同时，由于挺柱内止回球阀的作用，挺柱柱塞腔内的油压不能迅速排出，使得柱塞保持在原位不动并维持原有长度形成刚性，从而推动气门打开。随着发动机的运转，气门间隙保持一定间隙，从而消除了气门异响。

（三）推杆

推杆的作用是将从凸轮经过挺柱传递过来的推力传递给摇臂，它是气门机构中最容易弯曲的零件。因此，要求推杆具有很高的刚度。在发动机的动载荷较大的情况下，推杆应该尽可能设计得短一些。对于铝合金制造的气缸体和气缸盖的发动机，其推杆通常由硬铝制造。推杆可以是实心的，也可以是空心的。钢制实心推杆通常与球形支座锻造成一个整体，然后进行热处理。

（四）摇臂与摇臂轴

摇臂与摇臂轴实际上是一个双臂杠杆，用于将推杆传递的力改变方向，从而推动气门开启。摇臂的两边臂长的比值（称为摇臂比）通常为 1.2~1.8，其中长臂的一端是用来推动气门的。长臂端的工作表面通常制成圆柱形，这样当摇臂摆动时，它可以沿气门杆端面滚动滑动，从而使力和气门轴线方向尽可能一致。摇臂内部还钻有润滑油道和油孔。在摇臂的短臂端螺纹孔中旋入用于调节气门间隙的调节螺钉，螺钉的球头与推杆顶端的凹球座相接触。

三、气门驱动形式

气门驱动形式主要分为两种：气门顶置式和气门侧置式。如图 1-8 所示，展示了这两种驱动形式的配气机构工作原理。

对于气门顶置式配气机构，当气缸的工作循环需要将气门打开进行换气时，由曲轴通过传动机构驱动凸轮轴旋转，使凸轮轴上的凸轮凸起部分通过挺柱、推杆、调整螺钉推动摇臂摆转，摇臂的另一端便向下推开气门，同时使弹簧进一步压缩。当凸轮的凸起部分的顶点转过挺柱以后，便逐渐减小了对挺柱的推力，气门在弹簧张力的作用下开度逐渐减小，直至最后关闭。在压缩和做功行程中，气门在弹簧张力的作用下严密关闭。四行程发动机每完成一个工作循环，曲轴旋转两圈，各缸的进、排气门各开启一次，即凸轮轴只转一圈，所以曲轴与凸轮轴的传动比为 2：1。而气门侧置式则是进气门和排气门都装置在气缸体的一侧。

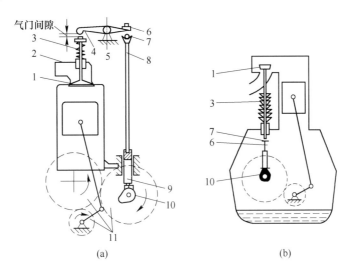

图 1-8　配气机构

（a）顶置式；（b）侧置式

1—气门；2—气门导管；3—气门弹簧；4—摇臂；5—摇臂轴；6—固定螺母；

7—调节螺钉；8—推杆；9—随动柱；10—凸轮轴；11—正时齿轮

四、配气相位

为使内燃机进气充足，排气彻底，进、排气门大都提前开启和延迟关闭，即进排气门并非在活塞运动时的两个极限位置才开启和关闭。进、排气门的实际开闭时刻和延续时间所对应的曲轴转角称为配气相位。如图 1-9 所示，四行程内燃机排气门的实际开启时间在做功行程活塞到达下止点前 30°~60°，称为排气提前角 γ；经过排气行程，当活塞到达上止点后 10°~30°排气门才关闭，这个角度称为排气延迟角，用 δ 表示。进气门的实际开启

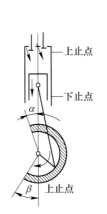

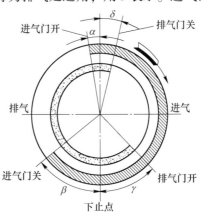

图 1-9　配气相位

时间是在排气行程活塞到达上止点前 $0° \sim 20°$，称为进气提前角经过进气行程，当活塞到达下止点后 $20° \sim 60°$，进气门才关闭，这个角度称为进气延迟角，用 β 表示。由此可知，进排气门在排气上止点附近有一同时开启的时间，用曲轴转角表示，即为 $\alpha + \beta$。在这段时间里，由于进、排气门开启的角度均不大，在气缸压力和高速排气流的惯性作用下，不致使废气窜入进气道或新鲜气体随废气一同排出。

第四节　柴油机燃油供给系统

一、柴油机燃油供给系统的组成与工作原理

柴油机的燃油供给系统一般由燃油箱、燃油滤清器（包括粗滤器和细滤器）、输油泵、喷油泵、喷油器、调速器及高压油管等组成，如图 1-10 所示。

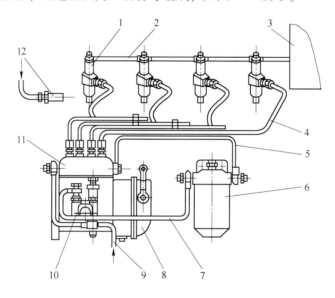

图 1-10　柴油机燃油供给系统

1—喷油器；2—回油管；3—燃油箱；4—高压油管；5—喷油泵进油管；6—燃油滤清器；7—滤清器进油管；
8—调速器；9—输油泵进油管；10—输油泵；11—喷油泵；12—预热塞

输油泵从燃油箱中吸出柴油，并将其泵送到滤清器进行过滤。过滤后的柴油被送入喷油泵。喷油泵将柴油加压后，通过高压油管将柴油送至喷油器，喷油器将柴油喷入燃烧室。从喷油器流出的柴油通过回油管流回燃油箱。由于输油泵的供油量大于喷油泵的泵油量，多余的柴油会经过单向回油阀和油管回到输油泵，有些柴油机可能会将回油直接流回燃油箱。

二、柴油机燃油供给系统的主要部件

（一）燃油滤清器

燃油滤清器的主要作用是过滤掉柴油中的机械杂质和水分，以确保输油泵、喷油泵和

喷油器等部件的正常工作。

在柴油机上，通常会配备粗滤器和细滤器两个滤清器。为了更好地保障柴油的清洁度，有些柴油机还会在油箱出口处增设沉淀杯，形成多级过滤系统。

粗滤器一般采用金属带缝隙式设计。这种滤芯是由黄铜带绕在波纹筒上制成的，相邻两带之间有 0.04~0.09 mm 的缝隙。当柴油流经滤芯时，大于缝隙的杂质就会被有效地滤除下来。

而细滤器则多采用纸质滤芯式设计。这种滤芯的内部是一根冲有许多小孔的中心管，中心管外面则包裹着折叠的专用滤纸。这些专用滤纸经过酚醛树脂处理后，具备了良好的抗水性能，因此被广泛应用。为了确保滤芯的密封性，滤纸的上下两端还会使用盖板进行胶合密封。

（二）输油泵

输油泵的功用是将柴油从油箱中吸出，并适当增压以克服管路和滤清器的阻力，保证连续不断地向喷油泵输送足够数量的燃油。

常用的输油泵有活塞式、膜片式两种。活塞式输油泵的工作原理如图 1-11 所示。输油泵常与喷油泵组装在一起，由喷油泵凸轮轴上的偏心轮推动活塞运动。

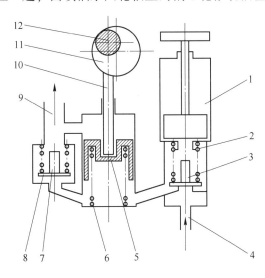

图 1-11　活塞式输油泵

1—手压泵；2, 8—弹簧；3—进油阀；4—进油管接头；5—活塞；6—活塞弹簧；7—出油阀；
9—出油管接头；10—顶杆；11—偏心轮；12—喷油泵凸轮轴

当活塞向下移动时，活塞前部的空间减小，而后部的空间增大。在这个过程中，活塞前部的柴油被压缩，压力升高到足以推开出油阀，柴油因此被推入活塞后部。当偏心轮的突起部分过去后，活塞在弹簧的作用下向上移动。这时，后部空间减小，油压上升，出油阀自动关闭。此时，具有一定压力的柴油被输送到细滤器。同时，活塞前部的空间增大，进油阀在油箱的压力下被打开，油箱中的油进入活塞前部。至此，活塞完成了一次吸油和一次压油的过程。

膜片式输油泵是通过偏心轮顶动膜片来工作的。由于膜片前部空间的改变，输油泵能够输出具有一定压力的柴油。

(三) 喷油泵

喷油泵，也称为高压油泵或燃油泵，主要负责将经过滤清的柴油从低压转化为高压，并根据柴油机的工作要求，定时、定量地将柴油输送到喷油器，从而喷入燃烧室。喷油泵的种类较多，现在常用的有柱塞泵和转子分配泵两种，其中柱塞泵的应用最为广泛。柱塞泵分为单体泵（用于单缸柴油机）和多缸泵（用于多缸柴油机）两种。

柱塞泵主要由柱塞和柱塞套（合称柱塞偶件）、柱塞弹簧、弹簧座、出油阀和出油阀座（合称出油阀偶件）、出油阀弹簧、喷油泵凸轮轴、滚轮-挺柱体总成等组成，如图1-12所示。

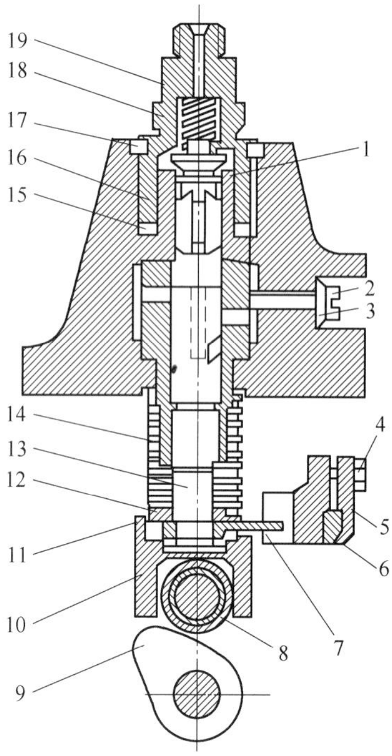

柱塞泵的工作过程可分为进油、供油和终止供油三个阶段。

1. 进油阶段

当凸轮的凸起转过最高位置后，在柱塞弹簧的作用下，柱塞向下运动。此时，柱塞套上的进、回油孔被打开，柴油自低压油道经两个油孔同时进入柱塞上端的套筒。进油过程一直延续到柱塞运动到下止点。

2. 供油阶段

图 1-12　柱塞式喷油泵

1—减压环带；2—定位螺钉；3, 15—垫片；
4—夹紧螺钉；5—调节叉；6—供油拉杆；
7—调节臂；8—滚轮；9—凸轮；10—滚轮体；
11—弹簧座；12—柱塞弹簧；13—柱塞；
14—柱塞套；16—出油阀座；17—出油阀；
18—出油阀弹簧；19—出油阀紧座

凸轮继续转动，凸轮的凸起部顶起滚轮挺柱体，推动柱塞向上运动至柱塞顶端面封闭进、回油孔后，由于柱塞偶件的精密配合以及出油阀在出油阀弹簧力的作用下关闭，柱塞上方成为一个密闭油腔。柱塞继续上行，柴油被压缩，油压迅速升高。当油压升高到足以克服出油阀弹簧的弹力时，出油阀被推开，高压柴油便经出油阀进入高压油管，送至喷油器。供油过程延续到柱塞斜槽边与回油孔开始相通时为止。

3. 终止供油阶段

在终止供油阶段，当柱塞上升到其斜槽与回油孔对齐时，高压柴油通过柱塞头部的轴向孔和下方的径向孔回流至低压油道。这导致柱塞上方的油压急剧降低，出油阀在弹簧力的作用下迅速关闭，切断供油。同时，由于出油阀的减压环带作用，高压油管内的油压迅速降低，从而防止喷油器在喷油结束时出现滴油现象。在柱塞继续向上运动到达上止点的过程中，柱塞上部的柴油继续回流至低压油道。出油阀偶件的主要功能是在喷油泵开始和结束供油时都确保其迅速和干脆。

综上所述，虽然柱塞从下止点到上止点的总行程（即凸轮的行程）是恒定的，但柱塞从开始供油到终止供油的实际供油行程 a 取决于柱塞顶端面至回油孔所对应的斜槽边的距离。通过旋转柱塞并改变斜槽与回油孔的相对位置，可以调整实际供油行程 a，从而调节供油量。a 越大，供油量越多。因此，通过调整柱塞的位置，可以实现供油量的调节。

（四）喷油器

1. 喷油器的种类和工作原理

喷油器，也被称为喷油嘴，其主要功能是将喷油泵送来的高压柴油以 120~180 MPa 的压力呈细雾状喷入燃烧室。目前，柴油机上大多采用闭式喷油器，这种喷油器在不工作时其内腔与燃烧室不相通。根据结构，闭式喷油器可分为轴针式和孔式两种。

轴针式喷油器的特点是针阀的前端有一段圆柱体和一段倒锥体，即所谓的轴针，如图 1-13 所示。在不喷油的状态下，轴针的一部分伸出针阀体的喷孔外。而孔式喷油器的针阀前端细长，没有轴针，并且在不喷油时针阀不伸出针阀体外。

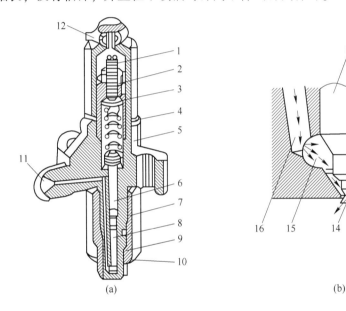

图 1-13　轴针式喷油器
（a）构造；（b）工作原理
1—调节螺钉；2—固紧螺母；3—弹簧罩壳；4—垫片；5—喷油器体；6—顶杆；7—紧帽；8—针阀；9—针阀体；
10—密封垫圈；11—高压油管接头；12—回油管接头；13—喷孔；14—倒锥体；15—环形锥体；16—斜油道

轴针式喷油器主要由喷油器体、针阀和针阀体（合称为喷油嘴偶件）、顶杆、弹簧、调节螺钉等组成。当喷油泵供油时，高压柴油从油管接头进入喷油器体上的油道，然后流入下部环形油槽。高压柴油对针阀的锥面产生向上的推力。当此推力足以克服调压弹簧的弹力时，针阀便向上抬起，高压柴油即从轴针与喷孔之间的缝隙处喷入燃烧室。因为喷孔较小而油压较高，柴油以雾状形式喷出。当喷油泵的柱塞斜槽与回油孔相通时，油压迅速降低，调压弹簧使针阀迅速下落，关闭喷孔，从而终止喷油。

喷油器的喷油压力是通过调压弹簧的预紧力来决定的，并可以通过调整螺钉来进行调节。顺时针拧进螺钉压紧弹簧时，喷油压力会升高；反之，则喷油压力降低。在喷油器的工作过程中，会有少量柴油通过针阀与针阀体之间的间隙漏入顶杆上部，并经过回油孔流回油箱。

2. 喷油器的维修与检测

喷油器是柴油机燃料供给系统中容易受损的部件。通常，当柴油车行驶 $10×10^4 \sim 12×10^4$ km 或柴油机出现动力不足、怠速不稳等问题时，应当对喷油器进行检查、检测，并根据实际情况进行维修。

（1）喷油器性能的检测与调整。喷油器的检测应当在专用的试验器上进行，该试验器通常由手油泵、油压表和油箱组成。在检测过程中，主要对喷油器的喷油压力、喷雾质量、密封性能以及喷油和停止喷油的干脆程度进行检测。这些性能的检测有助于评估喷油器的工作状态，确保其能够满足柴油机的工作需求。

1）喷油压力的检测与调整，如图 1-14 所示。

将待检测的喷油器安装在试验器上，通过压动手柄来排净系统内的空气。然后，慢慢压动手柄并观察油压表，当喷油器开始喷油时，油压表的指示值即为该喷油器的喷油压力。这个压力值应该符合标准。如果喷油压力不符合标准，可以通过更换调压垫片来进行调节，或者通过旋进或旋出调压螺钉来调整。

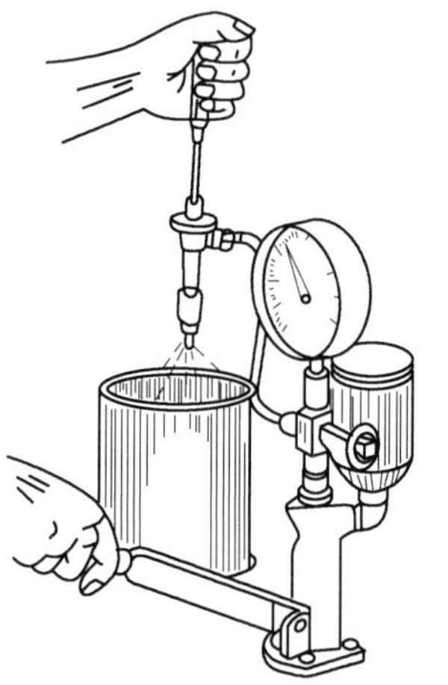

2）喷雾质量的检验。以每秒 1～2 次的速度压动手柄，观察喷出的柴油。理想的喷雾状态应呈雾状，且分布细而均匀，没有明显的飞溅的油滴或连续的油珠，以及局部浓稀不匀的现象。喷束的锥度应该控制在 15°～20°。此外，喷油开始和结束时应该发出清脆的响声。

3）密封性能的检验。将油压调整到低于喷油压力 1～2 MPa 的状态，并保持 10 s。在此期间，喷油器头部不应出

图 1-14　喷油器检验与调节

现渗油现象。如果出现渗油现象，需要对喷油器进行清洗，或者研磨密封锥面后重新进行密封性能的检验。

4）喷油与停止喷油的干脆程度检验。在一次喷油后，观察油压表下降是否超过 10%～15%。如果压力下降过多，说明停止喷油不够迅速、果断。

（2）喷油器零件的检验。

1）针阀偶件的检验。针阀偶件的配合表面应该是色泽均匀，没有损伤或锈蚀。偶件的密封锥面应该光亮，没有麻点或刻痕。锥面密封带的宽度应该小于 0.5 mm。将针阀偶件配合表面用柴油浸润后，使其倾斜 45°，然后将针阀拉出 1/3 的长度并旋转一下，放手后针阀应能无阻滞地缓缓下滑，滑到底的时间在 1～3 s 内为正常。

2）调压弹簧的检验。调压弹簧应该没有松弛，也没有裂纹、麻点或塑性变形。弹簧的端面应该与轴线垂直。如果调压弹簧不符合这些要求，需要对其进行适当的调整或更换。

（五）调速器

1. 调速器的功用

调速器的功用是根据柴油机负荷的变化自动调节供油量，使柴油机在规定的转速范围内稳定运转。负荷是指柴油机驱动工作机械时所需要发出的扭矩值。柴油机输出的功率与

供油量有关。一般情况下，供油量大，则输出功率也大；反之输出功率小。在输出功率不变的情况下，柴油机的转速与输出扭矩成反比。而柴油机输出扭矩的大小又取决于阻力矩值即负荷的大小。负荷加大，则柴油机的转速就下降，反之，则转速升高。柴油机的转速随负荷的改变而变化。实际工作中，负荷经常变化，如果柴油机总是处在由于负荷的改变而其转速经常变化的情况下工作，不仅生产率低，作业质量差，而且，严重时会因负荷增加过大，柴油机因转速急剧下降而熄火，也会因负荷减少过多，转速急剧上升而"飞车"，引起机件损坏。因此，柴油机必须安装调速器，使柴油机的转速能保持稳定，不因负荷的改变而有较大的变化。

2. 调速器的基本构造和工作原理

农用柴油机上普遍采用机械式调速器。这种调速器主要由感应元件和执行机构两部分组成。按其调速范围的不同可分为单程调速器、全程调速器和两极调速器。

全程调速器一般由钢球、传动盘、推力盘、调速弹簧、弹簧座、限制螺钉、操纵杆以及供油拉杆等组成。其基本工作原理是靠钢球旋转时所产生的离心力与调速弹簧的弹力之间的平衡与否来调节供油量的大小，从而维持柴油机的稳定转速。

当操纵杆保持在某一位置时，弹簧的预紧力不变，这意味着调速器在该情况下所控制的供油量也是固定的。柴油机在相应的转速下稳定运转，此时钢球的离心力沿轴向的分力与弹簧预紧力平衡。换句话说，这种平衡决定了柴油机的供油量和转速。

如果因为负荷的增加导致曲轴转速降低，钢球旋转时产生的离心力也会相应减小。这种减小了的离心力与弹簧预紧力之间的平衡会被打破。在两种力的压力差的作用下，推力盘将带着供油拉杆向右移动，增加供油量。由于供油量的增加，曲轴转速将逐渐回升，钢球的离心力也会逐渐增大，直到与弹簧预紧力重新达到平衡。

反之，当曲轴转速因为负荷的减小而升高时，钢球所产生的离心力大于弹簧预紧力。这种不平衡会导致供油量减小，使曲轴转速下降，直到两种力重新达到平衡。

因此，当操纵杆位置不变时，调速器可以根据负荷的变化相应地增加或减少供油量，使柴油机在操纵杆该位置所决定的转速下稳定运转。

如果想在负荷稳定不变的情况下改变柴油机的转速，只需要改变操纵杆的位置。这种改变会增大或减小调速弹簧的预紧力，破坏原来转速下弹簧预紧力和钢球离心力之间的平衡关系。这种失衡会导致推力盘带着供油拉杆左右移动，改变供油量，从而实现柴油机转速的变化。

第五节 进排气系统

一、进气系统

柴油机进气系统的主要目的是确保向各个气缸供应充足且纯净的空气。为了达到这一目的，进气系统通常由空气滤清器和进气歧管组成。另外，很多内燃机还配备了进气预热装置来提高进气效率。

（一）空气滤清器

说到空气滤清器，它的核心功能是清除空气中的微粒杂质，如图1-15所示。对于活塞式机械，如内燃机，若吸入的空气含有灰尘等杂质，这些杂质将加速机械零件的磨损。因此，空气滤清器的使用是必不可少的。从构造上来看，空气滤清器主要由滤芯和外壳两部分构成。设计时主要考虑的是高效滤清、低流动阻力和持久耐用，以减少维护需求。空气滤清器主要有干式和湿式两种类型。

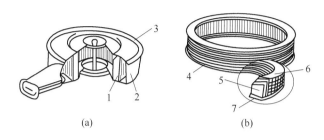

图 1-15　空气滤清器

（a）滤清器总成；（b）纸滤芯

1—滤芯；2—滤清器外壳；3—滤清器盖；4—金属网；5—滤纸；6—滤芯上盖；7—滤芯下盖

　　干式空气滤清器使用干式滤芯（如纸滤芯）来清除空气中的杂质。轻型车（如轿车和微型车）使用的空气滤清器通常为单级，有扁圆或椭圆及平板式等多种形状。过滤材料为滤纸或非织造布，滤芯端盖有金属或聚氨酯的，外壳材料为金属或塑料。在额定空气体积流量下，滤芯的原始滤清效率应不低于 99.5%。对于重型车，由于工作环境更为恶劣，其空气滤清器必须是多级的。第一级为旋流式预滤器（如叶片环、旋流管等），用于过滤粗大颗粒杂质，过滤效率达到 80% 以上。第二级细滤是微孔纸滤芯（一般称作主滤芯），其过滤效率高达 99.5% 以上。在主滤芯之后还会安装一个安全滤芯，其作用是在安装和更换主滤芯时，或在主滤芯偶然损坏时防止灰尘进入发动机。安全芯的材料多为非织造布，也有使用滤纸的。

　　湿式空气滤清器包括油浸式和油浴式两种类型。油浸式湿式空气滤清器是通过一个被油浸透的滤芯来过滤空气中的杂质，这种滤芯的材料可以是金属丝织物或者发泡材料。

　　油浴式湿式空气滤清器的工作原理是将吸入的含尘空气导入油池，这样大部分的灰尘就会被除去。然后，含有油雾的空气向上流经一个由金属丝绕成的滤芯，进行进一步的过滤。在这个过程中，油滴和被拦截的灰尘一起回到油池。这种油浴式空气滤清器一般用于农业机械和船用动力。

(二) 进气歧管

　　进气歧管的主要功能是分配洁净的空气到每个气缸的进气道。为了尽可能均匀地将空气、燃油混合气或洁净空气分配到各个气缸，进气歧管内气体流道的长度需要尽可能相等。此外，为了减小气体流动阻力，提高进气能力，进气歧管的内壁需要保持光滑。

　　进气歧管位于节气门与引擎进气门之间。当空气进入节气门后，经过歧管缓冲，空气流道在此分开，根据引擎气缸的数量，如四缸引擎有四个通道，五缸引擎有五个通道，将空气分别导入各气缸。对于自然进气的引擎来说，由于进气歧管位于节气门之后，所以当引擎油门开度小时，气缸内无法吸到足够的空气，导致歧管内真空度高；而当引擎油门开度大时，进气歧管内的真空度会变小。

二、排气系统

排气系统是指负责收集并排放废气的系统，包括排气歧管、排气管、催化转化器、消声器、尾管以及共振器，如图 1-16 所示。

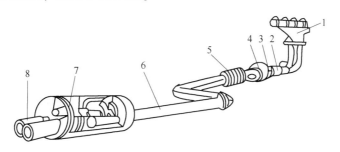

图 1-16　排气管机构
1—排气歧管；2—排气总管；3—催化转化器；4—排气温度传感器；
5—副消声器；6—后排气管；7—主消声器；8—排气尾管

排气歧管是排气系统的一个重要组成部分。当新鲜空气与汽油混合后进入引擎燃烧，会产生高温高压的气体推动活塞运动。一旦这些气体的能量被释放，它们就变成了对引擎不再有价值的废气，并被排放出引擎。这些废气从气缸排出后，会立即进入排气歧管。每个气缸都有一个与之相连的排气歧管，这些歧管将废气汇集在一起，然后通过排气管将废气排出车外。

在设计排气歧管时，一个重要的考虑因素是确保每个气缸的阻力相同，以使排气更加顺畅。与进气歧管类似，废气在排气歧管内也是以脉冲的方式离开引擎的。因此，为了确保每个气缸的排气都能同样顺畅，每个气缸的排气歧管的长度和弯度都需要被设计成尽可能相同。这样可以提高引擎的性能和效率。

（一）催化转化器

柴油主要由碳和氢原子组成，燃烧后的理想产物应为二氧化碳和水。然而，由于少量混合气的不完全燃烧以及机油的排放，会产生碳氢化合物、一氧化碳等有害物质。此外，引擎内进入的空气中含有 80% 的氮气，经过燃烧室的高温作用，稳定的氮气会与空气中的氧气反应生成 NO 和 NO_2，统称为 NO_x。这些 HC、CO 和 NO_x 都是对环境和人体有害的污染物。

为了将未完全燃烧的污染物转化为无害物质，排气系统在排气歧管后接上了催化转化器。催化转化器内含有贵金属元素，如铂、铑和钯。其中，铂用于控制 CO 的排放，铑用于控制 NO 的排放，而钯则用于控制 HC 的排放。通过催化作用，这些有害物质被转化为无害物质，从而保护了环境。

（二）消声器

从催化转化器出来的排气系统会直接连接到消声器。消声器通常是由薄钢板焊接而成，其横截面呈现圆形或椭圆形的形状。这个消声器安装在排气系统的中部或后部位置上。

消声器内部有一系列的隔板、腔室、孔管和通道。这些组件的设计是利用声波反射互相干扰并抵消的现象，从而使声能逐渐减弱。这种设计的主要目的是隔离并衰减排气门每次打开时产生的脉动压力。

当排气门打开时，废气会以一定的压力和速度从气缸排出。然而，由于排气门每次打开和关闭的时间很短暂，废气排出会产生一定的脉冲或波动。这些脉冲或波动会导致空气振动并产生声音。

消声器内部的隔板、腔室、孔管和通道的设计目的是散布和吸收这些声音能量。通过散布和吸收声音能量，消声器可以有效地减少或消除排气系统产生的噪声。这样可以使车辆更加安静，同时保护驾驶员和乘客免受噪声的干扰。

第六节　润　滑　系　统

一、润滑系统概述

润滑系统的主要功能是向各个摩擦表面提供清洁的润滑油，以最小化摩擦损失和机械部件的磨损。通过润滑油的持续循环，它还能冷却和清洁这些摩擦表面。当润滑油膜附着在零件上时，可以防止零件受到氧化和腐蚀的影响，同时起到密封作用。

内燃机的润滑方法分为两种：一种是压力润滑；另一种是非压力润滑。在压力润滑中，我们使用机油泵将机油增压后输送到需要润滑的摩擦表面。而在非压力润滑中，我们依赖运动部件飞溅起的润滑油滴或油雾，这些油滴或油雾会落在摩擦表面上，或者经过集中后从油孔流入摩擦表面进行润滑。

在润滑系统中，所使用的主要介质是机油，其关键性能指标是黏度，通常用运动黏度来表示。机油根据其在 100 ℃ 时的运动黏度被分类为多种不同的牌号。例如，汽油机机油有 6D、6、10 和 15 四个牌号，它们的代号分别为 HQ-6D、HQ-6、HQ-10 和 HQ-15。柴油机机油有 8、11、14 三种牌号，它们的代号分别为 HC-8、HC-11 和 HC-14。通常，机油的牌号越高，其黏度也就越大。

在选择机油时，汽油机在冬季一般使用 HQ-6D 或 HQ-6 牌号的机油，在夏季则使用 HQ-10 牌号的机油。然而，如果汽油机已经出现了严重的磨损，那么在夏季就应该使用 HQ-15 牌号的机油。对于柴油机来说，在夏季一般使用 HC-11 或 HC-14 牌号的机油，在冬季则使用 HC-8 或 HC-11 牌号的机油。当柴油机处于严重磨损状态或者需要连续进行重负荷工作时，我们应该选择黏度更大的润滑油。

二、润滑系统的组成与工作原理

润滑系统主要由油底壳、集滤器、机油泵、机油滤清器、机油压力表等组成，如图 1-17 所示。

在内燃机的工作过程中，机油泵负责从油底壳抽取机油，这一过程是经过滤网和集滤器的，机油被提高压力后，会被压送到机油滤清器进行清洁。经过滤清处理后的机油会进入主油道，然后被分配到诸如主轴承、连杆轴承和凸轮轴轴承等各个摩擦表面进行润滑。

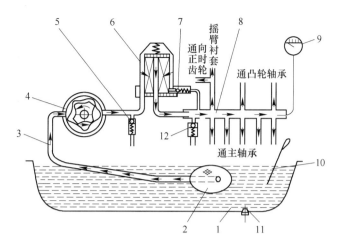

图 1-17　润滑系统

1—油底壳；2—集滤器；3—吸油管道；4—机油泵；5—限压阀；6—机油滤清器；
7—旁通阀；8—主油道；9—机油压力表；10—机油标尺；11—放油螺塞；12—回油阀

润滑连杆轴承的机油会通过杆身油道进入连杆小端，而润滑凸轮轴轴承的机油，一部分会经过机体和缸盖中的油道上升到摇臂轴中心孔，再通过摇臂轴的径向孔流入各个摇臂衬套，另一部分则会沿着摇臂上的油道流出，滴到其他配气机构的零件上。同时，主油道还会将一部分机油输送到正时齿轮室，以润滑各个正时齿轮。

为了使润滑系统能够正常运作，油路中还特别设置了限压阀和旁通阀（也被称为安全阀）。限压阀的作用是控制机油泵的出油压力，确保主油道能够获得适当压力的机油供应，而多余的机油则会回流到油底壳中，防止主油道的压力过高。而旁通阀则与滤清器并联，当滤清器出现堵塞时，机油可以不经过滤清器，直接通过旁通阀进入主油道，以确保各摩擦表面仍然能够得到必要的润滑。

（一）机油泵

机油泵的作用是提升机油的压力并确保机油的循环量足够。它主要有两种类型：齿轮式和转子式。

1. 齿轮泵

齿轮泵（见图 1-18）是利用一对齿轮在壳体内的旋转运动，使得进油腔在齿轮脱离啮合时，容积变大，产生真空吸力，将机油从集滤器吸入，并随着齿轮的旋转将机油带到出油腔内。当齿轮在出油腔内进入啮合时，容积变小，机油压力升高，于是以一定的压力将机油压送出去。

2. 转子泵

转子泵由内转子、外转子和壳体组成。内转子有四个凸齿，外转子有五个凹齿，内外转子偏心安装。当内转子被驱动进行旋转运动时，它也会带动外转子进行同向旋转。无论转子转到哪个角度，内、外转子的各齿形之间总会有接触点，这会将空腔分隔成五个部分。在进油道一侧的空腔，由于转子脱离啮合，容积会增大，产生真空度，机油会被吸入并被带到出油道一侧。之后，转子进入啮合状态，油腔容积会减小，机油压力会升高，机油会从齿间被挤出。经过增压后的机油会从出油道送出。

（二）机油滤清器

机油滤清器的主要功能是过滤掉机油中的金属磨屑和机械杂质，以减少零件的磨损，并防止油道堵塞。在润滑系统中，通常会安装几个不同过滤能力的滤清器，包括集滤器、粗滤器和细滤器。

集滤器是一个由金属丝编织成的滤网，它被安装在油底壳内的机油泵吸口处，主要作用是阻止较大的机械杂质进入机油泵。

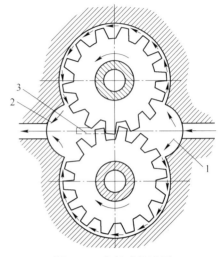

图 1-18　齿轮式机油泵
1—进油腔；2—出油腔；3—卸压槽

粗滤器用于过滤掉机油中较大的杂质，它被串联在机油泵和主油道之间。滤芯通常是由金属片或金属带制成，当机油通过滤芯时，机械杂质会被这些金属片或金属带阻挡在滤芯外部，只有洁净的机油能够通过滤芯并进入主油道。

细滤器通常采用离心式设计，内部有一个转子，转子底部周围有两个相反方向的喷孔。当有一定压力的机油进入转子内腔后，会从两个喷孔喷出。转子在反作用力的作用下会高速旋转（5000 r/min），在旋转过程中，密度大于机油的各种杂质会被离心力甩向四周，并沉积在转子内壁上。清洁的机油会从喷孔喷出并流回油底壳。

随着使用时间的增加，滤清器可能会逐渐变得脏污，这会影响到润滑系统的正常工作，因此需要定期清洗或更换滤芯。同时，还应按照说明书的规定，定期更换机油和清洗油道。另外，在柴油机工作时，应当经常关注油压是否正常。如果油压为零，必须立即停止工作并进行检查。

第七节　冷 却 系 统

一、冷却系统概述

内燃机在工作时，气缸内的气体温度可以达到 $1800 \sim 2000$ ℃。与高温气体接触的零件会受到强烈的加热，温度也会急剧上升，导致其强度下降，破坏正常的配合，并使机油变质。因此，必须设置冷却系统来对受热的零件进行冷却。冷却系统的功能是及时带走高温零件吸收的热量，以确保柴油机在最适宜的温度下运行。

冷却系统有风冷和水冷两种方式。风冷是利用高速流动的空气直接冷却受热的零件表面；而水冷则是用水吸收高温零件的热量，然后再将这部分热量散发到大气中。

目前，大多数柴油机的冷却系统采用的是水冷方式。常用的水冷却方式有蒸发式和循环式两种。

蒸发式水冷主要用于单缸柴油机。其工作原理是利用水在蒸发时会带走大量热量的特性，从而对受热的零件进行冷却。

循环式水冷又分为对流循环和压力循环。其中，压力循环应用广泛。在压力循环式的水冷却系统中，装有水泵以强制冷却水在水套和散热器之间循环。这种冷却方式的特点是工作可靠、散热能力强，适用于大、中型柴油机。为了控制散热器的散热速度，通常会设有水温调节装置，以便在内燃机不同的使用条件下都能迅速达到并保持正常的工作温度。

二、冷却系统的主要机件

压力循环的水冷却系统主要由散热器（水箱）、风扇、水泵、水温调节装置等组成，如图 1-19 所示。

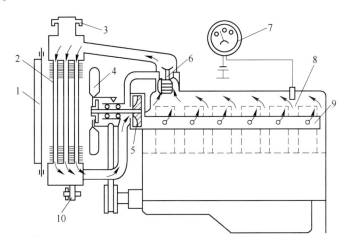

图 1-19 冷却系统
1—百叶窗；2—散热器；3—散热器盖；4—风扇；5—水泵；
6—节温器；7—水温表；8—水套；9—分水管；10—放水阀

散热器的功能是从水套中吸热，然后将冷却水携带的热量散入大气，从而降低冷却水的温度。它由上水箱、散热器芯和下水箱组成。散热器芯由许多导热良好的铜管组成，这些铜管周围还镶有多层散热薄片。上下水箱通过这些铜管相连，形成散热器的整体结构。上水箱有加水口，口上装有水箱盖，用于添加冷却水。下水箱底部设有放水开关，以便在冬季柴油机停止工作后，将水箱和水套中的水放净，防止机体冻裂。

风扇和水泵通常安装在同一根轴上，由曲轴皮带轮驱动。风扇的作用是产生强大的气流，将风吹向散热器芯，以增强冷却水的散热效果。水泵的作用是迫使冷却水以一定的压力循环流动，通常采用离心式水泵。在工作中，应定期检查和调整风扇皮带的松紧度，以保持冷却水的水温在适宜的范围内（85~95 ℃）。

节温器的作用是自动调节进入散热器的水量，从而调节冷却强度。节温器一般安装在缸盖的出水管与上水箱相连的通道内，有两种类型：液体式和蜡式。液体式节温器在其由薄铜皮制成的皱纹筒内装入低沸点的液态乙醚，然后密封。当水温超过 70 ℃时，乙醚由液态变成气态，使皱纹筒伸长，将阀门打开，使冷却水进入散热器中进行冷却。进入散热器中水的流量越多，冷却强度也越大。蜡式节温器的作用原理与液体式的相似，只是其内部的填充剂为石蜡和白蜡的混合物。

第八节　启 动 装 置

一、内燃机的启动方式

内燃机在启动时必须克服多个运动部件的摩擦阻力、机件加速运动的惯性力和气缸内气体的压缩阻力。因此,在初始阶段需要借助外部力量来帮助曲轴旋转。当曲轴在外力作用下开始转动后,它会逐渐过渡到能够自动保持稳定运转的状态。这个过程就称为启动。

柴油机和汽油机在启动时所需要的最低转速是不同的。汽油机通常需要达到 50~70 r/min,而柴油机则需要 100~300 r/min。

根据内燃机的用途、功率大小、结构和使用燃料的不同,所采用的启动方法也各有不同。常见的启动方式包括人力启动、柴油机用汽油机启动、电动机启动、柴油机用汽油启动和压缩空气启动。

人力启动,这种启动方式只适用于小功率的单缸柴油机。每次启动时间不应超过30 s。

柴油机用汽油机启动,这种启动方式在一些老式机型上使用,但现在已经逐渐被淘汰。

电动机启动,这种启动方式应用非常广泛,适用于各种类型的内燃机。

柴油机用汽油启动,这种启动方式也较为常见,通常用于多缸柴油机和汽油机的启动。

压缩空气启动,这种启动方式适用于大、中功率的柴油机(气缸直径大于 150 mm)。

内燃机的启动方式因机型和使用条件的不同而有所不同。在实际操作中,应根据具体情况选择合适的启动方式。

二、汽油启动机的传动系统

对于功率较大的柴油机,可以使用汽油机进行启动。这种启动方式通常采用单缸二行程汽油机,并配备了一套专门的传动、啮合和分离机构。以下是具体的启动步骤。

首先,将柴油机的调速手柄设置在不供油的位置,减压手柄调至减压状态,变速手柄放置在Ⅰ速位置。接下来,将自动分离啮合手柄从"分离"位置扳到"啮合"位置,然后再返回到"分离"位置,离合器手柄则保持在"分离"位置。

启动汽油机。一旦汽油机成功启动,应接合离合器并使用Ⅰ速带动柴油机转动,进行1~3 min 的预热。预热完成后,先分离离合器,再将变速手柄切换到Ⅱ速位置,然后重新接合离合器并使用高速带动柴油机继续运转 1~2 min。在此过程中,还需操作减压手柄使柴油机的部分气缸不减压,以便柴油机能够开始预热。

当柴油机充分预热后,将所有气缸调整至不减压状态,并通过操纵调速手柄使柴油机开始供油,从而点燃柴油机。

一旦柴油机成功点燃,应迅速将离合器手柄扳至分离位置,并使启动汽油机熄火,至此启动过程完成。

三、电启动机啮合驱动机构

电启动机具有方便可靠的启动性能，且具有质量轻、体积小的优点。它具备足够的启动功率和适宜的启动转速，同时具有重复启动能力，因此被广泛应用于拖拉机和汽车上。目前，拖拉机和汽车上的发动机普遍采用串激直流电动机（其磁场绕组与电枢绕组串联）作为启动机。

第二章　拖　拉　机

第一节　拖拉机的发展历程和趋势

一、中国拖拉机的发展历程

1950 年 3 月，中国第一台 27.4 kW 的轮式拖拉机在中国大连习艺机械厂诞生。同年 12 月，山西机械厂参照美国克拉克 18.4 kW 履带拖拉机，成功试制出中国第一台 18.4 kW 履带拖拉机。这一时期的拖拉机制造技术尚处于起步阶段。

自 1955 年起，中国开始在洛阳建设第一拖拉机制造厂（现一拖集团），这也是中国第一个拖拉机制造厂。此后的几十年中，中国的拖拉机工业逐渐发展壮大，制造技术得到了迅速提升。

如今，中国的拖拉机厂遍布各地，包括东方红、东风、上海、铁牛、福田雷沃、耕王、常发、五征、江苏、黄海金马等品牌的拖拉机。这些拖拉机功率从小到大，型号和系列繁多，既满足了中国农村的需求，也出口到其他国家。

二、拖拉机的发展趋势

自 21 世纪以来，拖拉机技术不断升级，农村土地流转加速，家庭农场增多，农机社会化服务规模扩大。为提高土地产出率、资源利用率和农业劳动生产率，保护性耕作和农机深松整地等方法将会推动拖拉机向以下方向发展。

（一）向大功率多品种方向发展

随着拖拉机功率的增加，出现了 36.8 ~ 147 kW 的广泛使用。国内外拖拉机企业已经生产出 220.5 kW 以上的拖拉机，这些拖拉机具有高生产效率，适合大型农场和大地块作业。此外，拖拉机产品系列的划分将更加细化，每个系列将衍生出 4 ~ 6 个系列，变型产品的数量也将增加。

（二）发动机性能逐步提高

为节能和环保，发动机的性能指标已经从国 n 升级到国 id、国 iv 甚至更高。同时，机械高压油泵正逐步被单体泵（电磁泵）和高压共轨技术所取代，使发动机的性能更加优越。

（三）机电液一体化水平进一步提高

电子技术的应用更加广泛，除了现有的部件外，电子和液压传动技术将被广泛应用于无级变速传动系统、动力换挡、动力输出轴、静液压转向器、负荷传感系统、液压悬架系统和前置动力输出轴等部件上。全动力换挡变速器将成为拖拉机的标准装备，液压无级传动系也将得到广泛应用，高速（40 km/h）拖拉机将逐渐增多。

（四）向通用性和高适应性方向发展

同一台拖拉机可以配备多种农具，以适应不同作物农艺要求的复式作业。机体结构的改进使其更好地适应不同作物和倾斜地面。行走装置可以配置多种宽度的轮胎和履带等，以提高在不同田间条件下的适应能力。产品结构类型仍以前轮小、后轮大、前轮转向的标准型为主，大中型拖拉机大多为四轮驱动型。

（五）向舒适性、使用安全性和操作方便性方向发展

现代拖拉机的设计，在提高技术性能的同时，更加注重驾驶的操控性、舒适性和安全性。部分机型还配备了自控装置，包括自动对行、自动调节、自动控制车速、自动停车等功能。

（六）向智能化方向发展

为了适应生态农业、保护性耕作等可持续发展农业的需求，集全球卫星定位系统（如北斗和GPS）、地理信息系统（GIS）与卫星遥感系统（RS）于一体的"精准农业"技术，以及无人驾驶在智能化拖拉机上的应用，是当今拖拉机最新、最重要的技术发展。此外，为了提高机械性能和使用方便性，拖拉机将更广泛地采用计算机技术，实现作业自动监视与报警、自动控制、自动监测主要工作部件故障、自动记录和自动排除故障等。

第二节　拖拉机的类型特点和型号

拖拉机是一种动力机械，主要用于牵引和驱动各种配套机具，完成农业的田间作业、运输作业和固定作业等任务。它由发动机、传动、行走、转向、液压悬挂、动力输出、电器仪表、驾驶操纵和牵引等系统和装置组成。发动机的动力经过传动系统传递给驱动轮，使拖拉机行驶。在现实生活中，常见的拖拉机大多使用橡胶皮带作为动力传送的媒介。

根据功能的不同，拖拉机可以分为农业、工业和特殊用途等类型。根据结构类型的不同，拖拉机又可以分为轮式、履带式、船形拖拉机和自走底盘等类型。

一、拖拉机的类型

拖拉机一般可按照用途、行走装置、功率大小进行分类。

（一）按用途分类

1. 工业拖拉机

工业拖拉机主要用于筑路、矿山、水利、石油和建筑等工程，也可用于农田的基本建设作业。

2. 林业拖拉机

林业拖拉机主要用于林区的集材作业，即收集采伐下来的木材并运往林场。这类拖拉机一般配备有绞盘、搭载板和清除障碍装置等，可以进行植树、造林和伐木等作业。

3. 农业拖拉机

农业拖拉机主要用于农业生产，根据用途不同，可以分为以下几种。

（1）普通拖拉机。普通拖拉机应用范围广泛，主要用于一般条件下的农田移动作业、固定作业和运输作业等。

（2）中耕拖拉机。中耕拖拉机主要适用于中耕作业，但也可以用于其他作业。这类拖拉机的特点是离地间隙较大（一般在 630 mm 以上），轮胎较窄。

（3）园艺拖拉机。园艺拖拉机主要适用于果园、菜地、茶园等地作业。这类拖拉机的特点是体积小、机动灵活、功率小，例如手扶拖拉机和小四轮拖拉机等。

（4）特种形式拖拉机。特种形式拖拉机适用于在特殊工作环境下作业或满足某种特殊需要的拖拉机，例如船形拖拉机、山地拖拉机、水田拖拉机等。

（二）按行走装置分类

1. 履带式拖拉机

其行走装置为履带（也称为链轨）。这种拖拉机主要适用于在黏重、潮湿的土壤地块进行田间作业，以及进行农田水利、土方工程等农田基本建设工作。目前，我国生产的全履带式拖拉机已经实现了广泛应用，如图 2-1 所示。

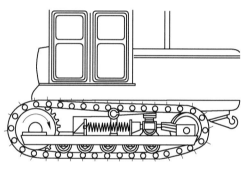

图 2-1　履带式拖拉机

2. 轮式拖拉机

轮式拖拉机行走装置由轮子组成。根据行走轮或轮轴的数量不同，轮式拖拉机又可以分为手扶式和轮式拖拉机两种。

（1）手扶式拖拉机。只有一根轮轴，上面安装有独轮或双轮。由于它们只有一根轮轴，因此在农田作业时，操作者需要步行，用手扶持操纵拖拉机工作。因此，我国习惯上将单轴独轮和双轮拖拉机称为手扶拖拉机，如图 2-2 所示。手扶拖拉机实际上是轮式拖拉机中的一种。手扶拖拉机还可以根据带动农具的不同方法分

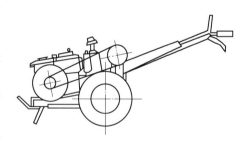

图 2-2　双轮式手扶拖拉机

为以下几种：1）牵引型手扶拖拉机，只能用于牵引作业，如牵引犁、耙进行农田作业，牵引挂车运输等；2）驱动型手扶拖拉机，与旋耕机结合为一体，只能进行旋耕作业，不能进行牵引工作；3）兼用型手扶拖拉机，兼具上述两种机型的功能。由于使用范围广泛，目前生产的手扶拖拉机多属于这一类型。

（2）轮式拖拉机。轮式拖拉机的行走轮轴通常有两根，若轮轴上有三个车轮，称为三轮拖拉机；有四个车轮，则称为四轮拖拉机。日常所称的轮式拖拉机主要指双轴三轮和

四轮这两种形式。在我国，生产和应用最广泛的为四轮拖拉机。

按照驱动形式的不同，四轮拖拉机可分为以下几种。

1）两轮驱动轮式拖拉机：通常为后两轮驱动、前两轮转向。驱动形式的代号以 4×2 表示（4 表示车轮总数，2 表示驱动轮数）。此类拖拉机在农业上主要用于一般田间作业、排灌和农副产品加工以及运输等作业。

2）四轮驱动轮式拖拉机：前后共两个轮均由发动机驱动。驱动形式代号为 4×4。此类拖拉机在农业生产上主要用于黏重土壤、大面积深翻、泥泞道路运输等作业。在林业上则用于集材和短途运材，如图 2-3 所示。

3）船形拖拉机：我国创新的一种水田专用拖拉机。其特点在于利用船体承载整个机体重量，非常适合在湖田和深泥脚水田进行作业，如图 2-4 所示。

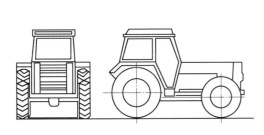 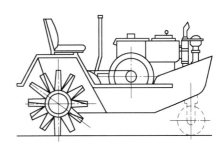

图 2-3　四轮驱动轮式拖拉机 　　　　　图 2-4　船形拖拉机

4）耕整机：近年来我国新开发的一种简易小型农用动力机械，结构简单，采用独轮或双轮驱动，适用于小块地水耕与旱耕作业。

（三）按功率大小分类

大型拖拉机：功率在 73.5 kW（100 马力）或以上。

中型拖拉机：功率在 14.7 kW 至 73.5 kW（20 马力至 100 马力）。

小型拖拉机：功率在 14.7 kW（20 马力）以下。

二、不同类型拖拉机的特点

不同类型的拖拉机具有各自独特的特点，这些特点不仅表现在结构上，还表现在体积、重量、材料消耗、制造成本、牵引力以及对土壤和作物的适应范围等多个方面。理解不同类型拖拉机的特点对于我们选购和销售拖拉机是非常重要的。

（一）履带式拖拉机

由于履带式拖拉机通过卷绕的履带与地面接触，履带与地面的接触面积大，压强（单位面积的压力）小，因此拖拉机不易下陷。此外，履带板上有很多履刺插入泥土，易于抓住土层，因此在潮湿泥泞或松软土壤上不易打滑，具有良好的牵引附着性能。与其他同等功率的拖拉机相比，履带式拖拉机能发出较大的牵引力，因此其对不同的地面和土壤条件有较好的适应性，并能完成其他类型拖拉机难以胜任的开荒、深翻和农田基本建设等繁重工作。然而，履带式拖拉机的缺点是体积大而笨重，消耗金属较多，价格和维修费用较高，配套农机具较少，作业范围较窄，易破坏路面而不适合公路运输，因此其综合利用性能较低。

（二）两轮驱动轮式拖拉机

其特点与履带式拖拉机基本相反。两轮驱动轮式拖拉机的体积较小，重量较轻，消耗金属较少，价格和维修费用较低。此外，配套的农机具较多，作业范围较广，可用于公路运输，每年使用的时间也较长，因此其综合利用性能较高。在我国，两轮驱动的轮式拖拉机的主产和销售量都较大。然而，两轮驱动轮式拖拉机的缺点是对地面的压强大，在田间工作时轮胎气压一般为 $83.3 \sim 137.2$ kPa（$0.85 \sim 1.4$ kg/cm^2），在硬路面上一般为 $147 \sim 196$ kPa（$1.5 \sim 2.0$ kg/cm^2），容易陷车；在潮湿、泥泞或松软土壤上容易打滑，牵引附着性能较差，不能发出较大的牵引力。因此，在需要较大牵引力或路面及土壤条件较差的情况下工作时（如开荒、深翻、农田基本建设等），两轮驱动轮式拖拉机的表现可能不够理想。

（三）四轮驱动式拖拉机

该类型拖拉机特点介于两轮驱动轮式拖拉机和履带式拖拉机之间，兼具两者的优点。由于采用四轮驱动，其牵引性能比两轮驱动的轮式拖拉机高出 $20\% \sim 50\%$。适用于挂带重型或宽幅高效农具，也适用于农田基本建设工作。在中等温度土壤上作业时，其工作质量与履带式拖拉机相差无几，但在高湿度、黏重土壤上作业时差异较大。在结构上，它比两轮驱动轮式拖拉机复杂，价格也更高。但相比履带式拖拉机，消耗金属较少，价格较低。

（四）手扶拖拉机

手扶拖拉机的特点是体积小、重量轻、结构简单、价格低廉、机动灵活、通过性能好。它不仅是小块水田、旱田和丘陵地区的良好耕作机械，而且适用于果园、菜园的多项作业。此外，手扶拖拉机还可以与各种农副产品加工机械配套，既可以用于固定作业，又可以用于短途运输。每年使用时间长，综合利用性能很高。因此，在我国生产和使用的拖拉机中，手扶拖拉机的数量最多。然而，它也存在一些缺点，如功率小、生产率低、经济性较差以及水田作业劳动强度大。

（五）船形拖拉机

目前，船形拖拉机的主要形式是机耕船和机滚船。这是我国南方水田地区近年来发展出的一种新型拖拉机。它主要用于水田、湖田作为动力源，与耕、耙、滚等作业机具配套使用。如果将驱动轮更换为胶轮，它还可以作为动力源带动挂车进行运输。它的工作原理是利用船体支撑整机的重量，通过一般为楔形的铁轮与土层作用推动船体滑移前进，并带动配套农具在水田里进行作业。在低洼地、烂泥较深、无硬底层、牛和拖拉机很难进行作业的田里，由于它不沉陷，不破坏土壤，前进阻力小，所以它比一般形式的拖拉机和耕牛具有很大的适应性。它的缺点是作业范围较窄，作业项目较少，综合利用性能较低。但由于它制造简单、价格低廉，在泥脚深的水田、湖田进行耕、耙、滚等作业中能发挥很大的作用，因此它还是受到欢迎的一种拖拉机。

三、拖拉机的总体构造

拖拉机及相关农用运输车总体构造基本相同，主要由以下几部分组成。

发动机：作为拖拉机或农用运输车的动力源，发动机负责产生驱动力。

传动系统：传动系统将发动机的动力传递到车轮或履带，从而驱动拖拉机或农用运输车行驶。

行走系统：行走系统包括车轮或履带，支撑拖拉机或农用运输车的重量，并确保其在各种地形上稳定行驶。

转向系统：转向系统允许驾驶员改变拖拉机或农用运输车的行驶方向。

制动系统：制动系统用于在需要停止或减速时，通过摩擦力将动能转化为热能，从而降低车速或停止车辆。

电气设备及辅助装置：电气设备及辅助装置包括如点火系统、照明系统、仪表盘等，为拖拉机或农用运输车的运行提供必要的电力和辅助功能。

拖拉机上除了发动机和电气设备以外的部分统称为底盘。其发动机一般均为柴油机，柴油机相比汽油机来讲，在农用运输车方面的应用越来越多。

图 2-5 为轮式拖拉机结构纵向剖面图，可以看到上述各个组成部分在拖拉机上的布局和连接方式。

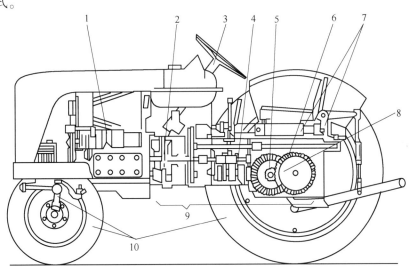

图 2-5 轮式拖拉机结构纵向剖面图

1—内燃机；2—离合器；3—转向系统；4—变速器；5—中央传动；6—动力输出轴；7—液压悬挂系统；
8—最终传动；9—传动系统；10—行走系统

第三节 传 动 系 统

传动系统是连接发动机和驱动轮之间的所有传动部件的总称，它的功能是将发动机的动力传递到拖拉机的驱动轮和动力输出装置。同时，根据工作需要，传动系统可以改变拖拉机的行驶速度和驱动力，实现平稳起步、停车、前进或倒车等操作。

轮式拖拉机的传动系统包括离合器、变速箱、中央传动机构和最终传动四部分。通常将中央传动、最终传动和位于同一壳体内的差速器布置在左右驱动轮之间，合称为后桥，如图2-6所示。

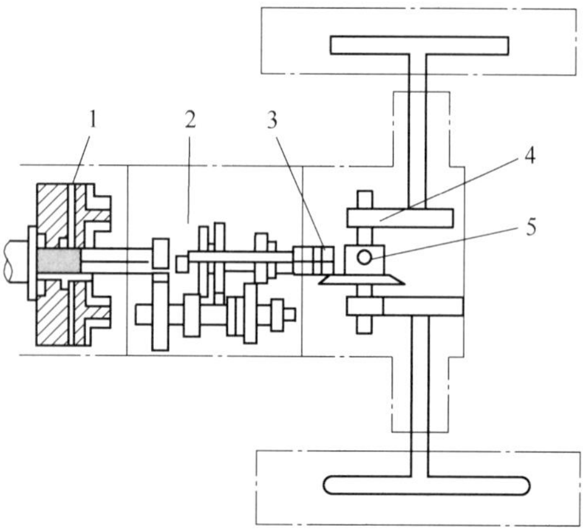

汽车、轮式拖拉机的差速器和履带式拖拉机、手扶拖拉机的转向离合器都是传递动力的主要部件，它们在结构上与中央传动和最终传动密切相连，而且装在同一后桥壳体内。但是，这些部件的主要功用是为了满足转向的需要，因此被视为转向系统的组成部分。

履带式拖拉机的传动系统和轮式拖拉机的主要区别在于后桥没有差速器，而在中央传动与最终传动之间装有左右两个转向离合器，如图2-7所示。链轨式拖拉机的动力传动路径为：

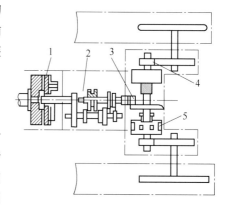

图2-6　轮式拖拉机传动系统的组成
1—离合器；2—变速器；3—中央传动；
4—最终传动；5—差速器

发动机→离合器→变速箱→中央传动→左右转向离合器→最终传动→左右驱动轮。

履带式拖拉机的离合器与变速器之间和汽车的变速器与驱动桥之间，由于距离较长，输出轴和输入轴间的夹角经常发生变化，所以还经常需要加装万向传动装置。

一、离合器

离合器一般安装在发动机和变速箱之间。离合器的主要功能是控制发动机与变速箱之间的动力传输。当离合器处于结合状态时，它能够将发动机的动力完整地传递到变速箱，使拖拉机平稳起步。当需要切断动力时，离合器可以使发动机与变速箱分离，使拖拉机在发动机不停地情况下停车或换挡。离合器对传动系统起到保护作用，当传动系统承受的负荷超过其承受能力时，离合器会打滑以保护传动件不受损坏。

图2-7　履带式拖拉机传动系统组成
1—主离合器；2—变速器；3—中央传动；
4—最终传动；5—转向离合器

离合器有多种分类方式。根据摩擦片数量，离合器可分为单片、双片和多片式；根据压紧装置，离合器可分为弹簧压紧、杠杆压紧和液力压紧式；根据摩擦表面工作条件，离合器可分为干式和湿式；根据其在传动系统中的作用，离合器可分为单作用式和双作用式。在拖拉机上，通常采用干式、弹簧压紧式离合器。

（一）离合器的结构与工作原理

1. 离合器的结构

单作用、常接合、摩擦片式离合器的组成包括主动部分、从动部分、压紧装置和操纵机构等。主动部分包括飞轮、离合器盖和压盘，这些部件在发动机工作时一起旋转。压盘在旋转的同时，可以在操纵机构的控制下进行轴向移动。从动部分包括从动盘和离合器轴，从动盘两面铆有摩擦衬片以提高摩擦力，它和离合器轴以花键相连，并可轴向移动。压紧机构由压紧弹簧等组成，使从动盘与飞轮紧压在一起。操纵机构由离合器踏板、分离轴承、分离杠杆及分离拉杆等组成。

　　双作用摩擦片式离合器由两个单作用式离合器组合在一起，使用一套分离和操纵机构。一个是主离合器，用于把动力传给变速箱、后桥，以驱动车轮；另一个是副离合器，用于把动力传给动力输出轴。在主离合器分离后继续踩离合器踏板，离合器踏板有两个行程：第一个行程主离合器分离，副离合器不分离，即动力输出轴继续输出动力；第二个行程是主副离合器都分离，动力完全不传递。接合时，副离合器先接合，再接合主离合器。

　　2. 离合器的工作过程

　　离合器的工作过程可以分为分离状态和接合状态两种情况。

　　在分离状态下，当踩下离合器踏板时，通过拉杆使分离轴承往前移动，压迫分离杠杆内端也往前移动，分离杠杆外端带动压盘克服弹簧的压力往后移动，导致从动盘与飞轮、压盘之间出现间隙，摩擦力消失，离合器分离，动力传递被切断，如图2-8（b）所示。

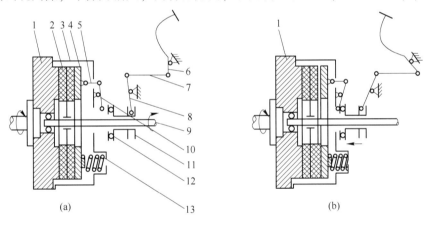

图2-8　单作用离合器的工作过程

（a）接合；（b）分离

1—飞轮；2—离合器片；3—离合器罩；4—压盘；5—分离杠杆；6—踏板；7—拉杆；
8—拨叉；9—离合器轴；10—分离杠杆；11—分离轴承套；12—分离轴承；13—弹簧

　　在接合状态下，当松开踏板时，压紧弹簧通过压盘将从动盘压紧在飞轮端面上，离合器处于接合状态。这时，从动盘轮毂通过花键带动离合器轴随飞轮一起旋转，将动力传给变速箱，如图2-8（a）所示。

（二）离合器的正确使用

　　离合器的正确使用对于保护其使用寿命和确保拖拉机正常运行至关重要。以下是使用离合器时需要注意的几点。

　　1. 分离迅速彻底

　　在需要切断动力传输时，动作要快，将脚踏板迅速踩到底，保证离合器能够完全分离。这样可以避免离合器长时间处于半接合状态，减少离合器的磨损。

2. 接合要柔和平稳

在需要重新接合离合器时，应该慢慢放松脚踏板，让离合器柔和接合，保证拖拉机平稳起步。如果接合过快或过猛，可能会导致起步不平稳，对传动系统造成冲击。

3. 避免误操作

开车时脚不能放在离合器踏板上，以免误操作导致离合器处于半接合状态。同时，也不应该用半接合离合器来控制车速，这样会加速离合器的磨损。

4. 注意配合

双作用离合器在分离状态下才能接合或分离动力输出轴。只有当离合器完全分离后，才能进行相应的操作。

5. 避免长时间分离

如果需要长时间停车，应该将离合器完全接合，以避免离合器长时间处于分离状态而加速其磨损。

通过遵循以上使用离合器的注意事项，可以保护离合器的使用寿命，并确保拖拉机的正常运行。

（三）正确调整拖拉机离合器

1. 调整离合器分离杠杆高度

确保离合器各个分离杠杆的内端与分离轴承同时接触，以确保车辆平稳起步。若分离杠杆内端高度不一致，将导致离合器接合时发生抖动现象。在装配和维护时，需要检查各分离杠杆内端与分离轴承的接触情况，要求各分离杠杆内端位于同一平面，误差应符合原厂规定，一般不大于 0.25 mm。如不符合要求，需要调整分离杠杆内端或外端调整螺钉的位置。

对于膜片弹簧离合器，如果膜片弹簧分离指因磨损、锈蚀、破裂等原因导致所受载荷不均匀或降低，必须更新。要求膜片弹簧分离指在圆周上必须均匀排列，其极限偏差不大于 0.5 mm。同时，各弹簧分离指高度应处于同一水平面上，误差应不大于 0.5 mm。如弹簧分离指高低不平，将导致车辆起步不稳、发抖，离合器也无法彻底分离。

2. 离合器踏板自由行程的调整

由于离合器在拖拉机中的使用非常频繁，因此对离合器操纵机构的轻便性有着很高的要求，以减轻驾驶员的操作负担。这个轻便性包括两个方面：首先，加在离合器踏板上的力不应过大，一般建议在 196~245 N 的范围内；其次，踏板总行程应在一个合适的范围内，通常为 100~150 mm，最大不超过 180 mm。如果踏板总行程不在这个范围内，可能需要进行调整。

拖拉机每工作 50~60 h 后，需要检查离合器踏板的自由行程。这个自由行程反映了分离杠杆压爪与分离轴承端面之间的间隙。由于摩擦片在使用中会逐渐磨损变薄，这个自由行程可能会逐渐减小；而其他传动关节的磨损可能会导致自由行程增大。如果自由行程消失，离合器可能会处于半分离状态，这会对其工作性能产生负面影响，并可能使分离轴承与分离杠杆压爪之间的磨损加剧。

可以通过直尺测量离合器踏板的高度。首先，将一把钢直尺放置在驾驶室底板上，然后测量踏板完全放松时的高度。接着，用手轻轻按下踏板，当感到压力增大时，表示分离轴承端面已与分离杠杆内端接触，此时停止推踏板，再测量踏板的高度。两次测量的高度差即为踏板的自由行程。

在测量了踏板的自由行程之后，应将这个数据与该车型的技术标准进行比较，如果不符合要求，需要进行调整。踏板自由行程的调整方式因结构不同而异。对于机械操纵式离合器，可以通过调整分离叉拉杆调整螺母来调整拉杆或钢索的长度，从而改变踏板的自由行程。

液压操纵式离合器踏板的自由行程调整，实质上是调整两处间隙，即分离杠杆内端与分离轴承之间的间隙，以及主缸活塞与其推杆之间的间隙。这两处间隙的调整直接在踏板上体现出来。

（1）要调整离合器分离杠杆内端与分离轴承端面之间的间隙，这个间隙应为 2.5 mm，它在踏板上的反映为 29~34 mm 的行程。可以通过改变分泵推杆的长度来进行调整。具体操作时，首先松开锁紧螺母，然后根据需要调整推杆的长度：缩短推杆长度将增大间隙，而增长推杆长度将减小间隙。调整完成后，务必拧紧锁紧螺母。

（2）接下来调整主缸活塞与推杆之间的间隙，这个间隙应保持在 0.5~1 mm 的范围内，它在踏板上的反映为 3~6 mm 的行程。如果此间隙不合适，可以通过转动偏心螺栓来进行调整。同时，还需要检查分泵推杆的行程：在完全踩下离合器踏板的情况下，分泵推杆的行程不能小于 19 mm。如果分泵推杆行程小于 19 mm，需要重新进行调整或进行放气操作，否则离合器可能无法正常分离。

二、变速器

（一）变速器的功能与种类

1. 功能

变速器的核心作用是在维持发动机扭矩和转速稳定的前提下，实现变速和变矩，从而调整拖拉机的驱动力和行驶速度。它能够在发动机曲轴旋转方向不变的情况下，切换拖拉机的前进或后退状态。同时，当发动机持续运行时，变速器也支持拖拉机进行长时间的停车或进行特定的固定作业。

2. 种类

（1）按传动比的变化方式分类。

有级式变速器：提供多个固定的传动比选择，主要采用齿轮传动。其中，根据齿轮轴线的不同，又可以进一步细分为普通齿轮变速器（齿轮轴线固定）和行星齿轮变速器（部分齿轮轴线旋转）。

无级式变速器：其传动比可以在一个特定的范围内连续变化，常见的类型包括液力式、机械式和电力式。

综合式变速器：结合了有级式和无级式变速器的特点，其传动比可以在最大和最小值之间的几个分段范围内进行无级变化。

（2）按操纵方式分类。

强制操纵式变速器：依赖于驾驶员直接操作变速杆来实现换挡。

自动操纵式变速器：传动比的选择和换挡过程都是自动完成的。驾驶员只需要操作加速踏板，变速器会根据发动机的负荷信号和车速信号自动调整执行元件，完成挡位的切换。

半自动操纵式变速器：这种变速器有两种子类别。一种是部分挡位可以自动换挡，而其他挡位需要手动（强制）换挡；另一种是需要驾驶员预先通过按钮选择挡位，然后在踩下离合器踏板或松开加速踏板时，由变速器的执行机构自动完成换挡过程。

（二）变速器的构造与变速原理

1. 变速器的构造

普通齿轮变速器，通常被称为手动变速器或机械式变速器，主要分为三轴变速器和两轴变速器两种。

（1）三轴变速器。这种变速器的前进挡主要由输入（第一）轴、中间轴和输出（第二）轴组成。三轴五挡变速器具有五个前进挡和一个倒挡，由壳体、第一轴（输入轴）、中间轴、第二轴（输出轴）、倒挡轴、各轴上齿轮、操纵机构等几部分组成，如图 2-9 所示。

（2）两轴变速器。这种变速器的前进挡主要由输入和输出两根轴组成。与传统的三轴变

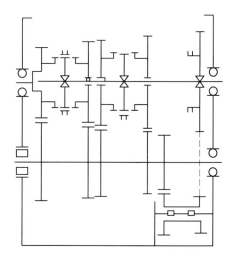

图 2-9　三轴变速器结构

速器相比，由于省去了中间轴，在一般挡位只经过一对齿轮就可以将输入轴的动力传至输出轴，所以传动效率要高一些；同样因为任何一挡都要经过一对齿轮传动，所以任何一挡的传动效率又都不如三轴变速器直接挡的传动效率高，如图 2-10 所示。

2. 变速原理

普通齿轮变速器通过不同齿数的齿轮啮合传动来实现转速和转矩的改变。根据齿轮传动的原理，当一对齿数不同的齿轮啮合传动时，可以实现变速。而且，两齿轮的转速与其齿数成反比，如图 2-11 所示。

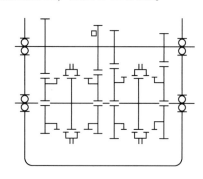

图 2-10　两轴变速器结构

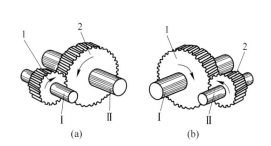

图 2-11　齿轮传动的变速原理
（a）减速传动；（b）增速传动
Ⅰ—输入轴；Ⅱ—输出轴；1—主动齿轮；2—从动齿轮

（三）变速操作机构

变速操纵机构的作用是根据汽车行驶的需求进行挡位变换。它能够调整变速器的传动机构传动比，改变传动方向，或者中断发动机动力的传递，以满足不同行驶条件的要求，如图 2-12 所示。

变速操纵机构的锁止装置包括以下部分。

（1）自锁装置：自锁装置主要用于防止变速器自动脱挡，并确保齿轮能够全齿宽啮合，如图 2-13 所示。

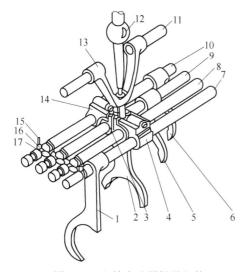

图 2-12 六挡变速器操纵机构

1—五、六挡拨叉；2—三、四挡拨叉；3—二挡拨块；4—倒挡拨块；5—二挡拨叉；6—倒挡拨叉；7—倒挡拨叉轴；8—一、二挡拨叉轴；9—三、四挡拨叉轴；10—五、六挡拨叉轴；11—换挡轴；12—变速杆；13—叉形拨杆；14—五、六挡拨块；15—自锁弹簧；16—自锁钢球；17—互锁销

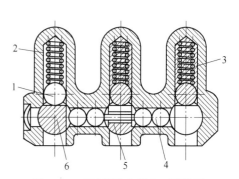

图 2-13 变速器的自锁和互锁装置

1—自锁钢球；2—自锁弹簧；3—变速器盖（前端）；4—互锁钢球；5—互锁销；6—拨叉轴

（2）互锁装置：互锁装置的目的是防止变速器同时挂入两个挡位，以免造成发动机熄火或损坏零部件，如图 2-14 所示。

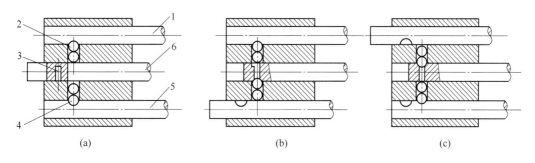

图 2-14 互锁装置工作示意

（a）第一、第三拨叉轴被锁定；（b）第一、第二拨叉轴被锁定；（c）第二、第三拨叉轴被锁定

1，5，6—拨叉轴；2，4—互锁钢球；3—互锁销

（3）倒挡锁：倒挡锁的作用是防止误挂倒挡。它能够防止在前进过程中因误挂倒挡而造成严重的冲击，从而避免零件损坏。同时，它也能防止在起步时误挂倒挡而引发安全事故。

第四节　行　走　系　统

行走系统具有以下功能。

将发动机传递给驱动轮的驱动扭矩转化为推动汽车或拖拉机行驶的动力，并使驱动轮的转动转化为汽车或拖拉机在地面上的移动；传递并承受路面作用于车轮的各项反力和力矩；尽可能减小不平路面对车身造成的冲击和振动，保证汽车或拖拉机的行驶平顺性；与汽车或拖拉机的转向系统密切配合，控制汽车或拖拉机的行驶方向，以保证其操纵稳定性；支撑汽车或拖拉机的全部重量。

一、轮式拖拉机行走系统

轮式拖拉机行走系统主要由车架、车桥、车轮和悬架组成。拖拉机主要用于田间作业，其行走系统与汽车相比具有以下特点：

（1）驱动轮采用直径较大的低压轮胎，并在胎面上设计有凸起的花纹；

（2）导向轮采用小直径轮胎，胎面具有一条或数条环状花纹，以增强防止侧滑的能力；

（3）拖拉机需要具备较高的道路离地间隙，同时还要考虑农艺离地间隙的需求；

（4）后桥上通常不安装弹性悬架和减振器，使后桥与机体刚性连接，同时前轴与机体之间通过链条连接；

（5）拖拉机的车轮有多种形式，包括高花纹轮胎、镶齿水田轮、水田叶轮、间隔式履带板等。

（一）车架

1. 全梁架式车架

全梁架式车架的特点是部件拆装方便，但金属用量较多，因此在工作中容易发生变形，如图2-15所示。这种车架的结构设计使得各个部件可以方便地拆卸和组装，提高了

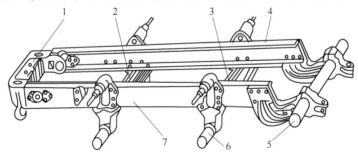

图2-15　全梁架式车架

1—前梁；2—前横梁；3—后横梁；4，7—纵梁；5—后轴；6—后车轴

维修和保养的便利性。然而，由于使用了较多的金属材料，导致车架的重量较大，增加了拖拉机的惯性，使得在行驶和作业过程中容易发生变形。因此，全梁架式车架的设计需要在保持足够的强度和刚度的同时，尽量减轻质量，以提高拖拉机的整体性能。

2. 半梁架式车架

半梁架式车架（见图2-16）具有较好的刚度，能够提供稳定的支撑和承载能力。这种车架的设计使得发动机的维修和保养更加方便，因为部分车架可以独立于车厢进行拆卸和组装。此外，半梁架式车架还具有较轻的质量，有助于提高拖拉机的整体性能，包括加速、制动和操作稳定性等方面。因此，半梁架式车架在某些应用中具有优势，特别是在需要较高刚度和维修便利性的情况下。

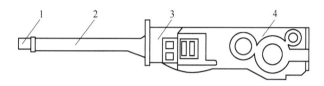

图 2-16 半梁架式车架
1—前梁；2—纵梁；3—离合器壳；4—变速箱和后桥壳

3. 无梁架式车架

无梁架式车架（见图2-17）具有节约金属、刚度良好等优点，但同时也存在制造和装配技术要求高、拆装不方便等缺点。这种车架的设计省去了传统的车架结构，将发动机和传动系统直接与轮胎连接起来，从而减少了车架的重量和金属使用量。无梁架式车架的刚度表现较好，能够提供稳定的支撑和承载能力。然而，由于没有传统的车架结构，无梁架式车架的制造和装配技术要求较高，需要精确的工艺和配合才能确保整体的稳定性和可靠性。此外，由于没有明显的拆装部分，无梁架式车架的维修和保养可能不如传统车架结构方便。因此，无梁架式车架的应用主要取决于特定应用场合的需求和限制条件。

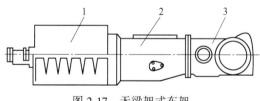

图 2-17 无梁架式车架
1—发动机壳；2—变速箱壳；3—后桥壳

（二）车桥

车桥是连接车轮和车架的重要部件，也称为车轴。其主要功能是传递车架与车轮之间各种方向的作用力。车桥可根据不同功能和位置分为转向桥、驱动桥、转向驱动桥和支持桥四种类型。在拖拉机和汽车中，前桥通常为转向桥，后桥则为驱动桥。

转向前桥主要由前轴、转向节支架、转向节主销、前轮轴和摇摆轴等组成。机体与前桥通过摇摆轴进行铰接，这种设计使得拖拉机在行驶过程中，前轴可以进行横向摆动，以确保两个前轮始终同时与地面接触，提高行驶的稳定性。

驱动桥由中央传动、差速器、半轴和桥壳等部分组成。其主要作用是将万向传动装置传递过来的动力进行降速增扭、改变传递方向后，分配给左右两侧的驱动轮，从而驱动拖拉机或汽车行驶。同时，驱动桥还允许左右驱动轮以不同的转速进行旋转，以适应转弯或在不平路面上行驶时的需求。

（三）车轮与悬架

几乎所有的汽车拖拉机都采用充气式轮胎，这种轮胎直接与地面接触，并安装在轮圈上。充气轮胎在汽车和拖拉机的行驶过程中发挥着重要的作用。

与悬架共同作用，缓和行驶过程中所受到的冲击，并衰减由此产生的振动，以保证汽车和拖拉机具备良好的乘坐舒适性和行驶平顺性。

保证车轮与路面保持良好的附着性，从而提高汽车和拖拉机的牵引性、制动性和通过性。

承受汽车和拖拉机的重力。

充气轮胎可以根据胎体中帘线排列的方向不同分为普通斜交胎、带束斜交胎和子午线胎。另外，根据胎内的空气压力大小，充气轮胎又可以分为高压胎、低压胎和超低压胎。

除了水田用的铁轮外，绝大多数车轮都采用低压充气轮胎。低压充气轮胎由外胎、内胎、轮圈、辊板和轮毂五部分组成。轮毂与辊板相连接，轮毂安装在轮轴上，轮圈固定在辊板上，轮圈上再安装内、外胎。

拖拉机的悬架是车架与车桥（或车轮）之间的弹性连接的传力部件，起着缓冲、减振、导向等作用。图 2-18 展示了两种常见的悬架类型：螺旋弹簧式和钢板弹簧式。由于拖拉机的田间作业速度较低，同时低压轮胎本身具有一定的减振和缓冲效果，因此许多拖拉机不采用弹性悬架，而是将后桥与机体刚性连接，前轴与机体通过链条连接。为了适应运输速度的提高，有些拖拉机的前轴采用了弹性悬架。

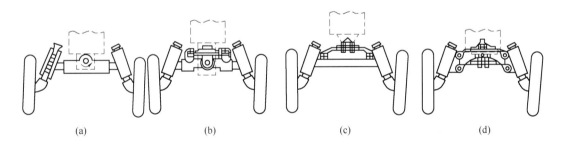

(a)　　　　　　(b)　　　　　　(c)　　　　　　(d)

图 2-18　轮式拖拉机的弹性前悬架
（a）螺旋弹簧式；（b）~（d）钢板弹簧式

二、履带式拖拉机行走系统

履带式拖拉机行走系统由车架、行走装置和悬架组成，如图 2-19 所示。

履带式拖拉机的车架通常采用全梁架式结构，类似于汽车的框架式车架。所有拖拉机的部件都安装在这个框架上，同时车架也承受着来自车内外的各种载荷。

驱动轮用于驱动履带，确保拖拉机行驶。悬架连接支重轮和拖拉机机体，机体所受重力经悬架传递给支重轮，同时履带和支重轮在行驶中所受的冲击力也通过悬架传递到机体上。

支重轮支撑拖拉机，并在履带的轨道面上滚动，同时还用于夹持履带，防止其横向滑

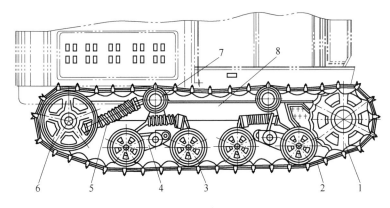

图 2-19　履带式拖拉机行走系统

1—驱动轮；2—履带；3—支重轮；4—台车；5—张紧装置；6—导向轮；7—拖架；8—车架

脱。托带轮托住履带，防止其过度下垂，并防止履带侧向脱落。

张紧装置保持履带一定的张紧度，以减少履带在运动中的振跳现象，并防止履带由于过松而在转弯时脱落。农用拖拉机常用的张紧装置为曲柄式，其弹簧既是张紧弹簧，也是缓冲弹簧。当履带遇到障碍或卡入石块等硬物时，导向轮能压缩弹簧向后移动。

导向轮是张紧装置的一部分，引导履带运动的方向。履带的功用是承受拖拉机所受重力，并将其分布在较大的支持面上，以减少单位面积的接地压力，同时产生足够的附着力。另外，履带板接地的两端铸有履带刺，起抓地、减少履带打滑的作用。

履带式拖拉机的行走装置具有以下一些特点。

（1）驱动轮的卷绕特性。履带拖拉机的驱动轮仅卷绕履带，而不是在地面上滚动。由于履带与地面接触，拖拉机的全部重量都通过履带作用在地面上。这种设计使得履带的接地面积较大，从而降低了接地比压。在松软的土壤上，这种设计使得履带下陷深度更小。此外，由于履带支撑面上同时与土壤作用的履刺较多，这使得履带有较好的牵引附着性能，能在恶劣条件下工作。

（2）导向轮的角色。导向轮是履带张紧装置的组成部分，用于引导履带正确地卷绕。然而，它不能相对于机体偏转，因此不能起到引导履带拖拉机转向的作用。

（3）刚性元件与弹性连接。履带行走装置是刚性元件，没有像轮式拖拉机轮胎那样的缓冲作用。因此，与机体的连接部分（悬架）应有适当的弹性，以缓和地面对机体的冲击。

（4）履带轨距固定。履带拖拉机的履带轨距不能进行调整。

第五节　转向系统

拖拉机的转向系统主要有三种转向方式：一是通过车辆的轮子相对车身偏转一个角度来实现转向；二是通过改变行走装置两侧的驱动力来实现转向；三是同时改变行走装置两侧的驱动力和使轮子偏转来实现转向。

大多数轮式拖拉机和汽车采用第一种转向方式，履带拖拉机和无尾轮手扶拖拉机采用第二种转向方式，有尾轮手扶拖拉机及轮式拖拉机在田间作业等情况下采用第三种转向方式。

汽车、轮式拖拉机、农用运输车和各种工程轮式车辆都采用车轮偏转的方式实现转向。

车轮的偏转方式有前轮偏转、后轮偏转、前后轮同时偏转和折腰转向四种，如图 2-20 所示。

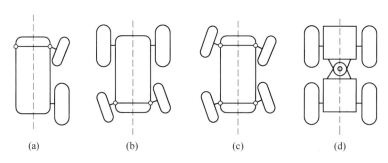

图 2-20 轮式拖拉机的转向方式

（a）前轮偏转；（b）后轮偏转；（c）前后轮同时偏转；（d）折腰转向

一、轮式车辆转向系统

轮式车辆的转向系统主要由转向操纵机构、导向轮和差速器组成。

（一）转向操纵机构

转向操纵机构主要由方向盘、转向轴、转向管柱等组成，作用是将驾驶员转动转向盘的操纵力传给转向器。根据其动力来源，可分为机械式转向和液压式转向。

1. 机械式转向操纵机构

机械式转向操纵机构主要由方向盘、转向器和转向摇臂等组成，如图 2-21 所示。转向节臂、横拉杆、转向拉杆和前轴构成一个转向梯形，该梯形结构能够保证转向时两侧转向轮的偏转角度能够保持一定的关系（偏转角度不相等）。

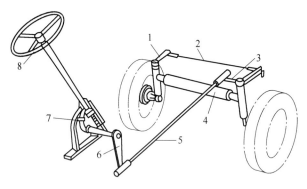

图 2-21 转向操纵机构

1—转向节臂；2—横拉杆；3—转向拉杆；4—前轴；5—纵拉杆；6—转向摇臂；7—转向器；8—方向盘

2. 液压式转向

液压式转向则是利用液压动力代替人工的操纵力。当方向盘转动时，压力油进入动力缸，通过杆件与转向梯形使转向轮偏转。

（二）差速器

差速器是一种差动机构，其主要功能是将旋转运动从一根轴传递至两根轴，并允许这两根轴以不同的转速进行旋转。这种机构通常由齿轮组成。在汽车和拖拉机上，差速器位于后桥内，由差速壳、行星齿轮和半轴齿轮组成，如图 2-22 所示。

标准的差速器包含行星齿轮、行星轮架（也称为差速器壳）和半轴齿轮。发动机产生的动力通过传动轴传递到差速器，直接驱动行星轮架。随后，行星齿轮带动左、右两根半轴，分别驱动左、右两侧的车轮。差速器的设计应满足以下要求：左半轴的转速与右半轴的转速之和等于行星轮架转速的两倍。当拖拉机直行行驶时，左、右车轮和行星轮架的转速是相等的，处于平衡状态。然而，在拖拉机转弯时，这种平衡状态被打破，导致内侧车轮的转速减小，而外侧车轮的转速增加。

差速器是一个根据驾驶条件，如转向和不同路况，动态合理分配两个车轮驱动力的机构。无论是拖拉机还是汽车，如果车辆是两驱，那么只需要在后轮驱动桥上安装差速器。而对于四驱车，则需要在前后驱动桥上都要安装差速器，因为在转向时不仅要平衡两个车轮之间的驱动扭矩分布，还要平衡前后车轮之间的驱动力矩。因为在转向时，四个车轮的转速都不一致，拐弯半径各不相同。如果没有差速器，就会造成轮胎偏磨，控制困难。差速器解决了拖拉机转向的问题，当拖拉机一侧轮胎陷入泥潭时，就会导致陷入的车轮空转却无法脱困。因此，必须有差速锁，也就是防滑差速器。

拖拉机的差速器连接最终传动驱动车轮轴，而差速锁则安装在车轮轴上。随着电子技术的发展，现代汽车通常能够自动检测两侧轮胎的转速差，并通过电控单元进行控制，实现实时的动力分配。相比之下，汽车是一个机电完美结合的产品，其电子部分更为先进。从机械结构上看，所有的差速器都由六个齿轮组成，但齿轮的类型可能有所不同。例如，它们可能全部由直齿锥齿轮组成，也可能由直齿轮、冠齿轮和锥齿轮组成，或者由双曲线锥齿轮组成。由于汽车（尤其是轿车）体积受限，差速器的发展趋势是向体积更小的方向发展。目前，大部分汽车采用双曲线锥齿轮作为差速器的主要部件。

二、履带式拖拉机的转向系统

履带式拖拉机的转向方式与汽车和轮式拖拉机不同，它是通过改变两侧履带的驱动力来实现转向的。履带拖拉机的转向系统由转向机构和转向操纵机构组成。转向机构分为摩擦式转向离合器和双差速器两种，其中摩擦式转向离合器应用较为普遍。

履带式拖拉机的转向离合器分为左右两个，通过分离任意一侧驱动轮上的动力，使两侧驱动轮具有不同的驱动扭矩，从而实现转向急转弯或原地转弯，但还需要制动器的配合。

转向离合器由主动鼓、从动鼓、主动片、从动片（摩擦片）、弹簧、压盘、分离轴承和操纵机构等组成，其结构如图 2-22 所示。

当分离拨叉未拨动分离轴承时，两侧的转向离合器都处于接合状态，如图 2-22（a）所示。当扳动一侧的分离拨叉时，拨动分离轴承并拉动压盘压缩弹簧，使得主动片与从动片的压紧力减小到无法传递扭矩的程度，这时该侧就失去了驱动力，如图 2-22（b）所示。而另一侧仍然有驱动力，因此拖拉机就会向失去驱动力的一侧转弯。

在转向过程中，应按照以下顺序操作转向离合器和制动器：首先，将转向离合器操纵杆拉到底，确保动力完全分离。然后，踩下制动器踏板，对转向离合器的从动鼓进行制动。完成转向后，应先松开制动器踏板，然后再松开转向离合器操纵杆。在踩下制动器踏

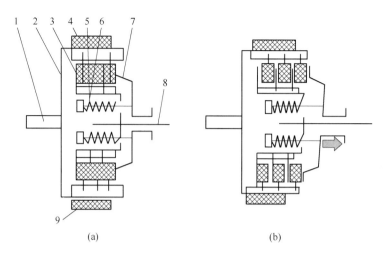

图 2-22　转向离合器结构示意

（a）接合；（b）分离

1—从动轴；2—从动鼓；3—主动鼓；4—从动片；5—主动片；6—压紧弹簧；7—压盘；8—主动轴；9—带式制动器

板时，应采用点踩的方式（即踩到底后松开，再踩下去，再松开。重复此动作），避免一直踩住不放，以避免履带拖拉机向一侧做原地转弯。同时，也不应采用不踩到底的方法使拖拉机逐渐转弯，因为这会加速摩擦衬片的磨损。

第六节　制 动 系 统

为了确保汽车的安全行驶，提高拖拉机和汽车的平均行驶速度，从而提高运输生产率，各种拖拉机和汽车都配备了专门的制动机构，这些机构组成了制动系统。制动系统的功能包括：使拖拉机和汽车按照驾驶员的要求减速或停车，确保车辆可靠停放，以及保障汽车和驾驶员的安全。

制动系统可以根据其功能分为行车制动系、驻车制动系和辅助制动系三种类型。此外，制动系统也可以根据制动能量的传输方式分为机械式、液压式、气压式、电磁式和组合式。

一、鼓式制动

鼓式制动在汽车上应用已经近一个世纪，由于其可靠性和强大的制动能力，许多车型仍配置鼓式制动（多用于后轮）。鼓式制动是通过液压将制动片推出，使制动片与随车轮旋转的制动鼓内表面发生摩擦，从而产生制动效果，如图 2-23 所示。

鼓式制动的制动鼓内面是制动装置产生制动力矩的位置。在获得相同制动力矩的情况下，鼓式制动装置的制动鼓的直径可以比盘式制动的制动盘小许多。因此，载重用的大型车辆为获取强大的制动力，只能够在轮圈的有限空间中装置鼓式制动。

简单地说，鼓式制动是利用制动鼓内静止的制动片摩擦随车轮转动的制动鼓产生摩擦力，降低车轮转动速度的制动装置。

当踩下制动踏板时，脚部的力量会推动制动总泵内的活塞，将制动油向前推送，并在油路中产生压力。这种压力会通过制动油传递到每个车轮的制动分泵活塞。随后，制动分

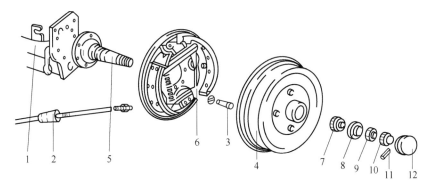

图 2-23　鼓式制动器

1—车桥梁；2—手制动软管；3—螺栓；4—制动鼓；5—短轴；6—制动底板；
7—车轮外轴承；8—止推轴承；9—螺母；10—锥形螺母；11—开口销；12—润滑脂盖

泵的活塞会推动制动片向外，使制动片与制动鼓的内表面发生摩擦，产生足够的摩擦力来降低车轮的转速，从而达到制动的效果。

（一）鼓式制动的优点

（1）鼓式制动具有自动刹紧功能，这意味着它可以在油压较低的情况下使用，或者使用直径比制动碟小得多的制动鼓。这种自动刹紧功能可以提高制动的效率和效果，确保车辆的安全。

（2）在某些后轮装置盘式制动的车型中，手制动机构的安装比较容易。这使得车辆在紧急情况下可以更快地安装手制动，从而避免潜在的安全风险。

（3）鼓式制动的零件加工和组成相对简单，因此制造成本较低。这使得鼓式制动在价格上有一定的优势，适合在某些经济型车辆中使用。

（二）鼓式制动的缺点

（1）鼓式制动的制动鼓在受热后直径会增大，这会导致踩下制动踏板的行程加大，可能会出现制动反应不如预期的情况。因此，驾驶采用鼓式制动的车辆时，应尽量避免连续制动造成的制动片因高温而产生热衰退现象。这可能会影响车辆的制动性能和安全性。

（2）鼓式制动的制动系统反应较慢，这意味着驾驶员需要更长时间才能获得所需的制动效果。此外，由于制动力度的控制更多地依赖于驾驶员的踩踏力道，因此不利于做高频率的制动动作。这可能会影响车辆在紧急情况下的制动性能。

（3）鼓式制动器的构造相对复杂，零件较多，因此维修起来不太容易。此外，由于制动间隙需要经常调整，因此可能会增加维修的难度和成本。这需要驾驶员或维修技术人员具备相应的技能和知识来进行正确的维护和修理。

二、盘式制动

随着汽车性能和行驶速度的日益提高，为了增加车辆在高速行驶时的制动稳定性，盘式制动已成为当前制动系统的主流。由于盘式制动的制动盘暴露在空气中，具有良好的散热性，因此在高速状态进行紧急制动或在短时间内多次制动时，其制动性能不易衰退，能提供更好的制动效果，从而提高车辆的安全性，如图 2-24 所示。

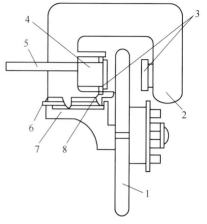

图 2-24　浮动盘式制动器结构
1—制动盘；2—制动钳；3—制动块；4—活塞；
5—进油口；6—导向销；7—车桥；8—密封圈

盘式制动是以静止的制动块夹住随轮胎转动的制动盘来产生摩擦力，从而降低车轮转动速度的制动装置。当踩下制动踏板时，制动总泵内的活塞会被推动，在制动油路中建立压力。压力经由制动油传递到制动卡钳上的制动分泵活塞。在受到压力后，制动分泵的活塞会向外移动并推动制动片夹紧制动盘，使制动块与制动盘发生摩擦，从而降低车轮转速，使汽车减速或停止。

（一）盘式制动的优点

盘式制动的优点包括如下。

（1）散热性较好：相比于鼓式制动，盘式制动在连续踩踏制动时不容易造成制动衰退，避免制动失灵的现象。

（2）制动力度受热后改变小：即使在制动盘受热后，其尺寸的改变也不会导致踩制动踏板的行程增加，从而保持稳定的制动效果。

（3）反应速度快：盘式制动系统的反应速度更快，可以进行高频率的制动动作，因此更符合 ABS 系统的需求。

（4）左右车轮制动力量平均：与鼓式制动不同，盘式制动没有自动煞紧作用，因此左右车轮的制动力量比较平均，有助于提高车辆的制动稳定性和安全性。

（5）排水性较好：由于制动盘的排水性较好，可以降低因水或泥沙造成制动不良的情况。在雨天或泥泞的路面上行驶时，良好的排水性能可以确保制动系统的正常运行，提高车辆的制动性能和安全性。

（6）构造简单，容易维修：相对于鼓式制动，盘式制动的构造更加简单，零件较少，因此更容易进行维修和保养。在维护和修理方面，盘式制动减少了维修时间和成本，提高了车辆的可靠性和使用寿命。

（二）盘式制动缺点

盘式制动的缺点包括如下。

（1）制动力相对较低：由于没有鼓式制动的自动煞紧作用，盘式制动的制动力相对较低。这意味着在需要较高制动力量的情况下，盘式制动可能无法提供足够的制动力，需要驾驶员更加注意并使用更大的踩踏力量或者提高制动系统的油压来改善。

（2）摩擦面积较小：盘式制动的制动片与制动盘之间的摩擦面积较鼓式制动的小，这使得盘式制动的力量相对较小。较大的摩擦面积可以提供更稳定的制动效果，因此在某些需要较高制动性能的场合，盘式制动可能会稍逊一筹。

（3）需要更大力量或油压：为了改善上述盘式制动的缺点，需要使用直径较大的制动盘或者提高制动系统的油压。这会增加车辆的重量和成本，并可能对车辆的燃油经济性产生负面影响。

（4）手制动装置安装困难：对于后轮使用盘式制动的车型来说，手制动装置的安装可能不太方便。为了解决这个问题，有些车型会加设一组鼓式制动的手制动机构，以方便驾驶员操作。

（5）制动片磨损较快：相较于鼓式制动，盘式制动的制动片磨损较大，因此需要更频繁地更换。这会增加车辆维护和修理的成本和时间，需要注意定期检查和更换制动片。

第七节　牵引装置和液压悬挂系统

一、拖拉机与农具的连接方式

拖拉机与农具的连接方式主要有以下三种。

（1）牵引连接：拖拉机后部具有牵引装置，能够直接用一个点牵引农具。

（2）悬挂式连接：拖拉机上设有悬挂机构，农具通过这个机构以两点或三点的方式悬挂在拖拉机上。这种连接方式通常会利用液压或机械装置来控制农具的升降。

（3）半悬挂连接：拖拉机的悬挂装置与农具相连接，但利用液压装置升降的只是农具的工作部分，而非整台农具。这种连接方式适合于连接宽幅和质量较大的农具。

二、牵引装置

一些农业机械，如牵引式收割机、播种机等，由于没有自己的行走装置，需要由拖拉机牵引进行工作。将拖拉机与这些农业机械连接起来的装置就是牵引装置。在拖拉机的牵引装置上，用于连接农业机械的关节点称为牵引点，其位置可以进行左右调节或上下调节。

牵引装置的主要尺寸及安装位置都应遵循标准化设计，以便与不同类型的牵引式农业机械实现合理的连接并确保正常工作。牵引装置主要分为两类：固定式牵引装置和摆杆式牵引装置，如图 2-25 所示。

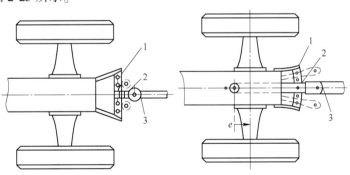

图 2-25　牵引装置
1—牵引板；2—牵引叉；3—辕杆

三、液压悬挂装置

液压悬挂装置是指用于液压提升和控制农机具的整套装置。它的功能包括连接和牵引农机具、操纵农机具的升降、控制农机具的耕作深度或提升高度、为拖拉机驱动轮增重以改善附着性能，以及将液压能输出到作业机械上进行其他操作。

液压悬挂装置由液压系统、悬挂机构和操纵机构三部分组成。

（一）液压系统

液压系统是提升农机具的动力装置。液压操纵机构利用液体在常态下不可压缩的原理，传递液体压力使农机具升降或自动控制农具的离地高度和作业深度。除工作介质（液压油）外，一般由液压泵、油缸、分配器等液压元件和附属装置组成。根据油泵、油缸、分配器三个主要液压元件在拖拉机上安装位置的不同，液压系统可分为分置式、半分置式和整体式三种。液压装置的操纵机构是用来操纵分配器的主控制阀，以控制液压油的流动方向，它由手柄操纵机构和自动控制机构两部分组成。

（二）悬挂机构

悬挂机构用来连接农机具，传递液压升降力和拖拉机对农机具的牵引力，并保持农机具的正确工作位置。根据悬挂机构在拖拉机上布置位置不同，悬挂方式可分为后悬挂、前悬挂、中间悬挂和侧悬挂，如图 2-26 所示。根据悬挂机构与机体的连接点数还可分为三点悬挂和两点悬挂。

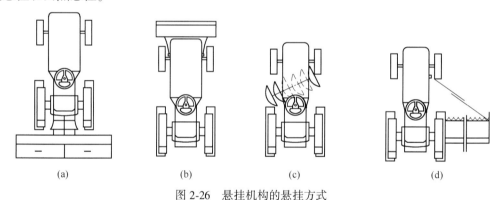

图 2-26　悬挂机构的悬挂方式
（a）后悬挂；（b）前悬挂；（c）中间悬挂；（d）侧悬挂

（三）操纵机构

操纵机构主要由安装在驾驶室的分动器和液压分动手柄组成，由驾驶员操作液压分动手柄来控制农具的升降，从而达到作业目的。

由于液压悬挂机组相对于牵引装置具有操作方便、机动性高、便于自动调节纵深、提高牵引性能和劳动生产率等优点，并且结构简单、质量轻，因此目前国产大、中、小型拖拉机普遍采用液压悬挂装置。

四、耕深调节方式

（一）液压系统的工作过程

液压系统的主要任务是提升或降落农具，其基本工作过程如下。

1. 提升

当驾驶员将手柄置于"提升"位置时，油泵开始工作，从油泵出来的油液通过分配器管道被引导至油缸的下腔。由于油液的压力，活塞受到向上的推动力，导致活塞上升。活塞的上升会拉动与活塞连接的农具上升，从而实现农具的提升。

在这个过程中，油缸的上腔内的油液会被挤出，通过分配器返回到油箱。这样，油液在活塞上升的过程中从下腔进入上腔，再从上腔流出，形成了一个循环过程。

2. 中立

当手柄置于"中立"位置时，通向油缸的两个油道被堵住，活塞在油缸内不能移动。此时，农具不会上升也不会下降，保持在中立位置。

油泵来的油液会经过回油阀流回油箱。这样，油液从油泵出来后没有对活塞产生作用力，活塞也就没有进行上升或下降运动。

3. 下降

当手柄置于"下降"位置时，主控制阀同时接通了油缸和油泵与回油箱的通道。此时，悬挂农具由于自身重力的作用开始下降。

随着悬挂农具的下降，活塞受到向下的压力，使得活塞相对于油缸强制后移。这个过程中，油液从油缸中排出，实现了农具的下降。

在这个状态下，活塞可以在油缸中自由移动，而农具也呈现浮动状态。这意味着农具可以随着地形的起伏而起伏，提高了耕作的精度和平整度。

（二）控制耕深的方法

利用液压系统控制耕深的方法有三种。

1. 高度调节

在这种方法中，农具依靠地轮对地面的仿形来维持一定的耕深。当土壤比阻一致时，耕深均匀；土质不均匀时，耕深不均匀。油缸活塞处于浮动状态，悬挂机构可以自由摆动。农具的重量大部分由地轮承受，这增加了农具的阻力。

2. 阻力调节

在油缸中有油压的情况下，农具靠油压维持在某一工作状态。当牵引阻力变化时，力传感机构会将这一变化迅速反映到液压系统，使农具升、降，以保持牵引阻力基本不变。当地面起伏不平时，耕深比较均匀，发动机负荷波动比较小。当土壤比阻一致时，耕深均匀；土质不均匀时，耕深不均匀。发动机负荷波动不大。由于没有地轮，减少了农具阻力，对拖拉机驱动轮有增重作用。

3. 位置调节

在这种方法中，油缸中有油压，农具靠油压维持在某一工作状态。在工作中，农具相对于拖拉机的位置是固定不变的。地面平坦、土质变化较大时，耕深较均匀，但牵引力变化大，发动机负荷波动较大。地面起伏不平时，耕深均匀性很差。由于没有地轮，减少了农具阻力，对拖拉机驱动轮有增重作用。

使用阻力调节方法进行耕作时，农具无须安装限深轮，只需在土壤质地较为均匀的地块上作业，即可获得理想的耕作效果，同时确保拖拉机内燃机的负荷保持稳定。除了单独使用某种耕深控制方法，我们还可以将高度调节、阻力调节或位置调节综合运用，形成综合调节策略。对于装备有力、位控制液压系统的拖拉机，在土壤质地不均的旱田中进行耕作时，可以采用阻力控制方法，并在悬挂犁上添加限深轮。调整限深轮的位置至稍大于所需的耕深，这样在耕作过程中，当土壤阻力较大时，阻力调节会发挥作用；而当土壤阻力较小时，限深轮则可以限制耕作深度，避免过度深耕。

第八节　拖拉机电气设备

车辆电气设备主要由电源设备和用电设备组成，其主要功用是实现内燃机的启动，发出保证拖拉机、汽车安全行驶所需的信号。供给夜间作业所需的照明，反映内燃机各系统的工作状况等。

一、车用电源设备

（一）蓄电池

电启动的车辆上都装有蓄电池。蓄电池具有以下功能：在内燃机未启动前可用作电源供照明等；在用电启动机启动内燃机时，给启动机提供强大的启动电流，并给其他用电设备供电（如汽油机点火系统）；内燃机启动后，协助发电机工作并将多余的电能储存起来。蓄电池主要由正负极板组、隔板、电解液、极桩和连接条、壳体等组成。

（二）硅整流发电机及调节器

硅整流发电机由三相同步交流发电机和硅二极管整流器两大部分组成，电压一般为12 V或24 V。三相同步交流发电机用来产生三相同步交流电动势，整流器则是把三相同步交流发电机发出的交流电变成直流电对外输出。硅整流发电机本身具有限制最大输出电流的作用，其整流器的二极管又可防止蓄电池电流反向流入发电机。但是发电机的输出电压是随发动机转速升高而升高的，为了保证正常工作，该发电机配有电压调节器。电压调节器的作用是使发电机的输出电压在内燃机转速变化时维持在一定范围内，电压调节器有触点式和晶体管式两种。硅整流发电机具有质量轻、体积小、结构简单、低速时对蓄电池的充电性好、匹配的调节器简单、产生的干扰电波小等优点。

二、车辆用电设备

车辆上的用电设备主要包括启动预热、照明信号、仪器仪表等设备。

（一）启动预热设备

柴油机在低温环境下启动困难，因此在配备蓄电池的车辆柴油机上，通常会在进气歧管上安装预热器。当接通预热电路时，预热装置会对进入气缸的空气进行加热，从而使柴油机更容易启动。

启动用电动机普遍采用直流串激式电动机。在启动过程中，启动开关接通启动电路，由蓄电池提供电能，启动机将电能转换为机械能，并通过单向啮合器使电机驱动齿轮带动内燃机飞轮旋转。启动完成后，断开启动开关，电动机驱动齿轮在打滑状态下退出与飞轮的啮合并停转。

（二）照明信号设备

车辆上的照明信号设备主要包括前大灯（远光和近光）、后灯、仪表灯、转向灯、制动灯以及喇叭和蜂鸣器等。这些设备通过相应的开关与电源相连，其任务是确保各种运行条件下的人车安全。前大灯的主要功能是在夜间或低能见度条件下为驾驶员提供足够的照明，以便他们能够清楚地看到道路情况。后灯则用于在车辆制动或倒车时向后方车辆发出信号。仪表灯则为驾驶员提供仪表盘的照明，以便在夜间或暗处读取仪表盘上的信息。转向灯和制动灯则分别在车辆转向或制动时向其他车辆发出信号。喇叭和蜂鸣器则用于发出警告声或提示音，以引起其他车辆和行人的注意。

（三）仪表

车辆上的仪表主要包括电流表、机油压力表、水温表、车速里程表、油量表等。这些仪表属于车辆的监测设备，能够向驾驶员提供关于内燃机和车辆工作情况的重要信息。电流表用于显示蓄电池的电流强度，机油压力表则用于显示机油的压力，水温表则显示冷却水的温度，车速里程表则显示车辆的行驶速度和累计行驶里程，油量表则显示燃油或润滑油的剩余量。通过观察这些仪表，驾驶员可以及时发现潜在的问题并采取相应的措施。

（四）辅助设备

车辆上的辅助设备主要包括电动刮水器、电风扇、暖风电机、收音机、挡风玻璃的除霜和清洗设备等。电动刮水器用于在雨天清除挡风玻璃上的雨水，保证驾驶员视线清晰。电风扇则用于在炎热的天气下为车内提供通风和冷却。暖风电机则在寒冷的天气下为车内提供暖气。收音机则用于播放广播或音乐，增加驾驶的娱乐性。挡风玻璃的除霜和清洗设备则用于清除挡风玻璃上的雾气、霜雪或污垢，确保驾驶员能够清楚地看到道路情况。

连接电源设备和用电设备的配电设备包括各种开关、保险装置、继电器和各种规格的导线。开关用于控制电源的通断，保险装置用于保护电路免受过载或短路等损害，继电器则用于控制大电流或高电压电路的通断，导线则用于传输电流和信号。这些配电设备在车辆的电源和用电设备之间起到了重要的桥梁作用，确保了车辆的正常运行和安全。

三、车辆电气系统的特点

拖拉机和汽车电气系统具有以下主要特点。

（1）低电压汽车拖拉机电气系统部分的额定电压有 6 V、12 V 和 24 V 三种。汽油车普遍采用 12 V 电源，柴油车多采用 24 V 电源。这种低电压系统可以降低电流需求，减少导线的截面积，减轻电气系统的重量，同时减少成本。

（2）直流汽车拖拉机的内燃机是靠电力启动机启动的，车辆上普遍使用的直流电动机必须由蓄电池供给直流电，而且蓄电池充电也必须用直流电，所以汽车拖拉机的电气系统为直流系统。直流系统能够更好地控制电流，提供稳定的电力输出，并减少电力的损失。

（3）单线并联用电设备与电源之间、各用电设备之间采用并联连接。这种连接方式可以简化线路，减少导线的使用量，降低成本。同时，单线制导线用量少，线路清晰，接线方便，被现代汽车拖拉机广泛采用。

（4）负极搭铁采用单线制时，蓄电池的一个电极需接至车架上，习惯上称为"搭铁"。蓄电池负极接车架称为负极搭铁，反之称为正极搭铁。在我国标准统一采用负极搭铁。负极搭铁能够提高电气系统的可靠性和安全性，因为负极搭铁可以使电流回路更加稳定，减少电气系统的噪声和干扰。同时，负极搭铁还能够提高车辆的抗腐蚀能力，延长车辆的使用寿命。

四、车辆电气设备总线路

车辆电气一般的接线原则如下。

（1）电流表串接在电源电路中。全车线路多以电流表为界，电流表至蓄电池的线路称为表前线路，电流表至电压调节器的线路称为表后线路。

（2）电源开关是线路的总枢纽。电源开关的一端和电源（蓄电池、发电机及调节器）相接，另一端分别接启动开关和用电设备。

（3）用电最大的用电设备（如电启动机、大功率电喇叭）接在电流表前，其用电电流不经过电流表。

（4）蓄电池和发电机搭铁极性必须一致。电流表接线应使充电时指针摆向"＋"值方向，放电时摆向"－"值方向。

此外，拖拉机典型电气设备线路也具有一定的特点。如图 2-27 所示，该线路以电流表为界，分为表前线路和表后线路。电源开关接在电源和电流表之间，启动开关和用电设备则分别接在电源开关的另一端。同时，蓄电池和发电机的搭铁极性必须一致，以确保电流表的正确指示。

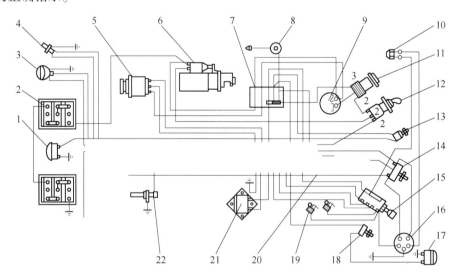

图 2-27　拖拉机电气线路

1—喇叭；2—蓄电池；3—前大灯；4—转向灯；5—硅整流发电机；6—启动机；7—保险丝盒；8—工作灯插座；9—电流表；10—制动开关；11—电锁；12—预热启动开关；13—喇叭按钮；14—转向灯开关；15—三挡灯开关；16—挂车用电插座；17—后大灯；18—后大灯开关；19—仪表灯；20—闪光器；21—电压调节器；22—预热塞

第九节　拖拉机的使用和保养

一、磨合试运转

对拖拉机进行正确的使用操作和科学合理的维修保养，可以显著节约油耗成本，减少机械磨损，延长拖拉机的使用寿命。在使用新的或大修后的拖拉机之前，必须按照机车使用说明书的规定进行磨合。拖拉机的磨合程序一般如下。

（1）发动机由低速到高速进行空转试运转：在磨合过程中，应首先启动发动机，然后逐渐提高发动机的转速，使其在低速挡位下进行一段时间的空转。这样可以让发动机的各部分零件适应转速变化，检查并消除在低速状态下可能出现的异常情况。

（2）液压悬挂系统的试运转：在拖拉机的液压悬挂系统中，需要检查液压泵的工作状况是否正常，液压油是否泄漏，以及液压悬挂机构是否灵活、工作是否正常。

（3）拖拉机由低速挡到高速挡进行空行试运转：在确保安全的前提下，将拖拉机挂上不同的挡位，从低速挡逐渐过渡到高速挡，检查变速器的工作情况，确保各个挡位都能正常工作。

（4）拖拉机逐步增加负荷进行试运转：在拖拉机空行试运转的基础上，逐步增加拖拉机的负荷，检查拖拉机在不同负载下的工作情况，确保拖拉机能够在各种负载条件下正常工作。

磨合试运转的时间和负荷确定范围等项目由制造厂根据不同机型具体规定。在磨合过程中，应注意倾听和观察各部位的工作声音与技术状况，出现异音、油压偏低等现象，应及时分析原因，对症排除；要保持发动机正常的工作温度，水温不可过低或过高，以防降低磨合质量。磨合后的拖拉机要彻底清洗润滑系油路，擦去油底壳内的铁屑，加入清洁的润滑油，检查、调整和紧固各有关配合件。

二、拖拉机的操作

拖拉机在运行过程中，其零件或配合件会受到松动、磨损、变形、疲劳、腐蚀等因素的影响，导致其工作能力逐渐降低或丧失，从而使整机的技术状态失常。此外，燃油、润滑油及冷却水、液压油等介质也会逐渐消耗，破坏拖拉机的正常工作条件，加速整机技术状态的恶化。

为了使拖拉机保持良好的技术状态并延长其使用寿命，必须对其进行正确的操作、维护和调整。这包括定期检查和紧固关键部件，及时更换磨损的零件，定期更换和补充工作介质，以及定期对拖拉机进行维护和调整等。通过这些措施，可以有效地保持拖拉机的良好工作状态，延长其使用寿命。

（一）发动机的启动

1. 启动前的准备工作

（1）检查发动机油底壳的油面位置，确保油面在规定范围内。

（2）检查变速箱和后桥的油面位置，确保油面在规定范围内。

（3）检查转向油箱的油面位置，确保油面在规定范围内。

（4）松开熄火拉线锁紧装置，使熄火拉线松回，确保喷油泵处于供油位置。

（5）检查变速箱各操纵杆和动力输出操纵手柄的位置，确保它们处于空挡位置，液压手柄处于下降位置。

2. 启动发动机

（1）将钥匙插入锁中，顺时针转动钥匙，启动发动机并使其运转。

（2）一旦发动机运转，立即松开手。

（3）连续启动时间不得超过 15 s，如果 15 s 内无法启动，应停止启动 2 min 再试，连续 3 次不能启动，应查明原因后再启动。

（4）发动机启动后，使其在 800 r/min 左右空转，直到水温升至 60 ℃ 以上、压力在 0.1 MPa 以上方可投入工作。

（二）拖拉机的起步

（1）将发动机处于低速状态，踩下离合器踏板，分离主离合器，然后将变速箱换挡杆挂到所需的挡位上。

（2）鸣号并观察周围有无障碍物。

（3）逐步提高发动机转速，缓慢松开离合器踏板，使拖拉机平顺起步。起步后松开离合器踏板，以免离合器滑磨。

（4）逐步加大油门，使拖拉机达到所需的工作速度。

（5）使用中不允许采用半接合离合器的方法来降低拖拉机的行驶速度。行驶中不得将脚一直放在离合器踏板上，以免加速分离杠杆、分离轴承和摩擦片的磨损。

（三）拖拉机的转向

在拖拉机高速行驶时，切记不可使用单边制动急转弯。当前轮大转弯时，若出现安全阀起作用时发出的吱吱声，此时方向盘应稍许退回一些，以避免液压转向系统长时间过载。

在田间作业中转弯或倒车之前，一定要确保入土的农机工作部件升出地面，以避免损坏农机具或造成人员伤亡事故。

当拖拉机转小弯或在松软土地上转弯时，由于前轮侧滑而使转向不灵，可在转动方向盘的同时，踏下相应一侧的制动器踏板，来帮助转向。

（四）拖拉机的行驶

拖拉机在道路上行驶时，应用连锁板将左右制动踏板锁在一起，以防止因单边制动而造成拖拉机跑偏或翻车。在一般情况下，应先减小油门，踩下离合器踏板，然后根据情况踩下制动器踏板，使拖拉机平稳停住。如遇紧急情况需停车，应同时踩下离合器和制动器踏板，以免制动器摩擦片加剧磨损或使发动机熄火。

田间作业时，可以根据实际作业情况和需要选择采用单边制动或全制动。在采用单边制动时，需去掉连锁轴，低速行驶以避免跑偏。

（五）差速器的操作

在拖拉机行驶或作业过程中，若出现陷车或单边驱动打滑，导致拖拉机不能前进时，可以采取差速器进行脱困。差速器可以使左右驱动轴刚性连接，实现同一转速驶出打滑地段。具体操作步骤如下。

（1）踩下主离合器踏板：首先，将左脚踩在主离合器踏板上，确保离合器完全分离。操纵变速杆挂上低速挡：将变速杆挂入低速挡，以便更好地应对打滑情况。

（2）将油门操纵手柄扳至最大位置：右手将油门操纵手柄扳至最大位置，以确保发动机输出最大扭矩。

（3）右脚踩住差速器操纵踏板：用右脚踩住差速器操纵踏板，使差速器接合。

（4）平顺地松开离合器踏板：在差速器接合后，平缓地松开离合器踏板，让拖拉机平稳起步。此时，左右驱动轴将以相同的转速驶出打滑地段。

（5）驶出打滑地段后，松开差速器踏板：当拖拉机驶出打滑地段并恢复稳定行驶时，松开右脚踩住的差速器操纵踏板。此时，差速器将自动脱开，恢复正常的差速功能。

（6）正常行驶和转弯时，严禁使用差速锁：在正常行驶和转弯过程中，务必避免使用差速锁功能。误用差速锁可能导致机件损坏、轮胎磨损加速，甚至引发严重的翻车事故。因此，务必谨慎操作差速器，仅在必要时使用。

（六）动力输出的操作

动力输出操作是拖拉机在农田作业中非常重要的一环，它可以通过将拖拉机的动力传递给作业机械，帮助完成各种农业作业。下面是动力输出的具体操作步骤。

（1）将离合器踏板踩到底，副离合器被分离，动力输出轴停止转动。

在开始动力输出操作之前，需要将离合器踏板完全踩到底。这样做的目的是确保副离合器完全分离，从而停止动力输出轴的转动。这一步是为了避免在后续操作中出现任何不必要的机械摩擦和损坏。

（2）将动力输出轴操纵杆下压，动力输出轴接合。

在确认副离合器已经分离后，需要将动力输出轴操纵杆向下压。这个动作将使动力输出轴的离合器接合，从而将拖拉机的动力传递给作业机械。请注意，这一步操作必须准确无误，以确保拖拉机的动力能够顺利地传递给作业机械。

（3）缓慢地松开离合器踏板，使作业机械开始运转。

在接合了动力输出轴离合器之后，可以缓慢地松开离合器踏板。这个动作将使拖拉机的动力逐渐传递给作业机械，从而使作业机械开始运转。需要注意的是，松开离合器踏板的速度应该缓慢而平缓，以避免出现突然的冲击力和机械磨损。

通过以上三个步骤，可以成功地进行拖拉机的动力输出操作。请注意，这些步骤是基于常见的拖拉机型号和操作方式，具体操作可能因不同型号和品牌而有所不同。在实际操作中，请根据具体情况进行调整和操作。

（七）拖拉机停车和发动机熄火

拖拉机停车和发动机熄火是操作拖拉机的重要环节，下面将详细介绍操作步骤。

（1）减小油门降低行驶速度：为了使拖拉机平稳地停止，需要减小油门，降低拖拉机的行驶速度。

（2）踩下离合器踏板和制动器踏板：在拖拉机即将停止时，需要踩下离合器踏板和制动器踏板。这样做的目的是将动力与制动系统断开，使拖拉机平稳地停在所需位置。

将变速杆置于空挡位置：当拖拉机停止后，将各变速杆置于空挡位置，以确保安全。

（3）松开离合器和制动器踏板：一旦拖拉机停稳，可以松开离合器和制动器踏板，以便下次启动。

（4）熄火拉杆操作：将熄火拉杆向后拉，这会停止油泵供油，从而使发动机熄火。随后，将熄火拉杆推回供油位置，以便下次启动。

（5）关闭电源开关：将启动开关钥匙旋至"OFF"位置，然后关闭电源开关，以确保安全。

（6）将驻车制动手柄拉起：为了防止拖拉机滑动，需要将驻车制动手柄拉起，将制动器置于锁定状态。

（7）在坡地停车时的注意事项：如果不得不在坡地停车，应挂上挡（上坡时挂前进挡，下坡时挂倒挡），以防拖拉机突然启动造成危险。

（8）冬季停车注意事项：若气温低于 0 ℃且未使用防冻液的拖拉机，必须在发动机怠速状态下拧开水箱放水阀，然后熄火停机，以免冷却水结冰将机体冻裂。

三、拖拉机的技术保养

严格执行拖拉机技术保养规范，能够减少故障率，延长拖拉机的使用寿命，确保拖拉机在良好状态下工作，创造最大的经济效益。为了达到这个目标，必须认真执行以下保养工作，并仔细阅读使用与保养说明书。

（一）拖拉机每工作 10 h 的技术保养

在拖拉机每工作 10 h 后，必须进行以下重点保养检查。

（1）清除空气滤清器集尘盒中的灰尘，并清除进气管附着的灰尘。如果作业环境恶劣，要随时清除。

（2）检查发动机油底壳油位是否在正常油位。如果油位不足，需要补加。同时，要检查是否有油、水混杂现象。如果润滑油变质，必须更换。

（3）检查喷油泵调速系统中的油位。正常油位应是油面与检查螺塞口齐平。如果润滑油变质，需要进行更换。

（4）检查并紧固拖拉机前、后轮的紧固螺栓。

（5）检查前、后轮胎气压是否正确，如果气压未达到规定值，需充气至规定值。

（6）要消除所有的漏油、漏水、漏气现象。

以上是拖拉机每工作 10 h 的技术保养内容，必须认真执行，以确保拖拉机在良好状态下工作，并延长其使用寿命。同时，阅读使用与保养说明书也是非常重要的，可以帮助用户更好地了解和操作拖拉机。

（二）拖拉机每工作 50 h（5 天）的技术保养

在拖拉机每工作 50 h（5 天）后，必须进行以下重点保养检查。

（1）取下空气滤清器的油盘，将滤芯取出。使用清洁的柴油将滤芯彻底清洗干净后，用压缩空气吹净。如果油盘内的机油变污，必须更换滤芯机油。保养后要正确安装。

（2）检查风扇胶带的紧固度。用拇指推压胶带，胶带的下陷量以 10～20 mm 为宜。如果不符合要求，需调整发电机上方的紧固螺栓。

（3）擦净蓄电池表面，疏通通气孔，清除极柱表面的氧化物，检查电解液高度。如果不足，需要补加蒸馏水。

（4）用润滑脂对整机各部位的润滑点进行润滑，例如水泵、离合器松离滑套等。

（三）拖拉机每工作 250 h（25 天）的技术保养

在拖拉机每工作 250 h（25 天）后，必须进行以下重点保养检查。

（1）清洗润滑系统。在发动机停车后，趁着余热将油底壳机油放出。

（2）清洗柴油滤清器，并更换柴油滤芯。确保柴油的纯净度和过滤效果。

（3）检查变速箱与后桥壳内的油位。如果油位不足，必须及时补加。

（4）检查离合器和制动器的踏板自由行程是否在规定范围内。如果行程不符合标准，需要进行调整以确保正常工作。

这些保养措施能够确保拖拉机在高效、安全的状态下工作，并延长其使用寿命。

（四）清洗、更换"三滤"的时间

（1）柴油滤清器：每工作 200 h 或 20 天后，必须清洗保养第一级滤芯，保养 2 次后必须更换。每工作 600 h 或 60 天后，必须更换第二级滤芯。

（2）机油滤清器：每工作 250 h 或 25 天后，必须更换新滤芯。

（3）空气滤清器：每工作 50～200 h 或 5～20 天后，取下滤芯，用柴油清洗并更换油盘内的污油，重新更换新机油，加至油面标记。

第三章 异步电动机

第一节 异步电动机概述

一、异步电动机的种类和用途

异步电动机是一种常见的电机，具有结构简单、维护方便、质量轻、价格低、工作可靠、效率高等优点。在农业领域，异步电动机得到了广泛的应用。

按照电源相数，异步电动机可以分为三相和单相两种类型。此外，按照转子绕组结构，异步电动机又可以分为鼠笼式和绕线式两种类型。

三相鼠笼式异步电动机在农业排灌、农副产品加工、禽畜水产饲养、饲料加工等固定作业机械中，已成为主要动力来源。单相异步电动机在农业科研、试验、生产、生活等小型设备中也被广泛应用。

鼠笼式异步电动机虽然具有结构简单、维护方便等优点，但其启动转矩较小，调速性能较差，功率因数较低，这些缺点限制了其应用范围。

二、三相鼠笼式电动机

（1）农业上常用的三相鼠笼式电动机第二次改进设计鼠笼型（代号为 J2）。这种电动机具有质量较轻、体积较小、通风良好等优点，同时能够防止水滴、铁屑或其他物体在与垂直方向 45°范围内掉入电动机内的危险。

（2）封闭扇冷式交流异步电动机第二次改进设计鼠笼型（代号为 J02）。这种电动机具有质量轻、体积小、防湿防尘等优点。第三次改进设计的封闭式同类型电动机（代号为 J03），除了具备 J02 的优点外，还具有较好的启动性能。

（3）Y 系列电动机。这是新一代的中小型 J02 电动机结合国际标准，有利于国际间交往的新产品。它除了具有比 J02 更轻更小的特点外，还具有效率高、转矩大、绝缘性能好、噪声低等优点。因此，国家规定自 1985 年起停止生产原 J02 系列，全部按 Y 系列生产，并且农用电动机已经开始采用。图 3-1 为封闭式及防护式鼠笼式电动机的外形。

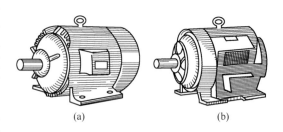

图 3-1 封闭式及防护式电动机
（a）封闭式电动机；（b）防护式电动机

三、三相鼠笼式电动机的构造

三相鼠笼式电动机的基本组成是定子和转子，如图 3-2 所示。

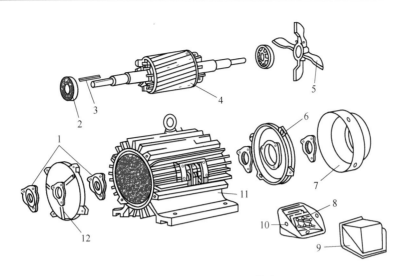

图 3-2　封闭式电动机的构造

1—轴承盖；2—轴承；3—键；4—转子；5—风扇；6—后端盖；7—风扇罩；

8—接线板；9—接线盒；10—接线座；11—定子；12—前端盖

　　定子包括机座、铁芯和三相绕组等部分，如图 3-3～图 3-5 所示。机座主要用于固定和保护定子铁芯和定子绕组，并支持端盖，是电动机的主要支架，通常由铸铁制成。铁芯由许多非常薄的、内圆有嵌线凹槽的圆环形硅钢片堆叠而成。三相绕组通常由漆包线制成，按照特定的槽距绕成一定形状，并以相差 120° 的间隔均匀嵌入铁芯的凹槽中。这些绕组的首尾端引出，然后连接到接线盒的六个接线柱上，通过不同的金属片连接，可以将它们接成星形或三角形。

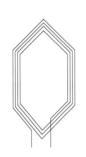

图 3-3　定子的一个线圈

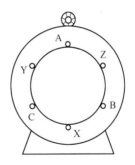

图 3-4　六槽异步电动机

　　转子包含转子轴、转子铁芯和转子绕组三个部分。转子铁芯是由外圆有凹槽的圆形硅钢片叠成的，其外圆凹槽内嵌有转子条形导体，并与端环短路作为转子绕组。端环上一般还装有风扇叶片。因为转子绕组是短路的且形状像鼠笼，所以这种电动机也被称为"短路式"或"鼠笼式"电动机。转子铁芯通过键固定在转子轴上。

四、三相鼠笼式电动机的工作原理

　　三相鼠笼式异步电动机是利用三相交流电通入三相定子绕组所形成的旋转磁场，与转子导体的相互作用产生电磁感应而转动的原理制成。首先讨论在定子绕组中通入三相交流

电所产生的旋转磁。图 3-6 和图 3-7 是以两极
三相异步电动机为例的定子绕组旋转磁场产生
的原理。它以交流电波形的周期为单位，各相
绕组相应同时的瞬时电流和磁场变化的情况来
说明。现规定三相交流电源的瞬时值为正时，
电流从定子绕组的首端流进去，从末端流出来。
为负时，则末端流进去，从首端流出来。凡电
流流进去的那一端，标以"⊗"电流流出来的
那一端，标以"⊙"。

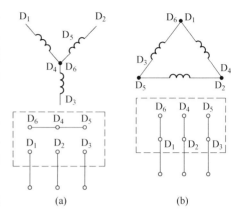

图 3-5　三相绕组

（a）星形接法；（b）三角形接法

$t=0$ 时：$i_A = 0$，A 相电流的 A、X 端均为零
（用 0 表示），i_B 为负，电流从末端 Y 流入（用⊗
表示），从首端 B 流出（用⊙表示），i_C 为正，
电流从首端 C 流入（标以⊗），末端 Z 流出（标
以⊙）。定为绕组电流产生的合成磁场磁力线，按右手定则，则图 3-6（a）应指向上。

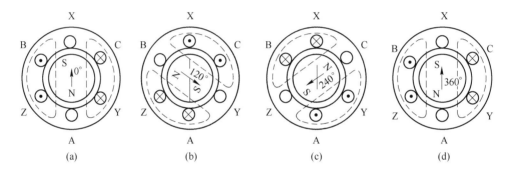

图 3-6　两极旋转磁场的产生

（a）$t=0$；（b）$t=\dfrac{1}{3}T$；（c）$t=\dfrac{2}{3}T$；（d）$t=T$

$t = 1/3T$ 时；i_A 为正，电流从首端 A 流入（标以 O），从末端 X 流出（标以⊙）；$i_B = 0$，B 相电流的 B、Y 端均为零（标以 0）；i_C 为负，电流从末端 Z 流入（标以⊗），从首端 C 流出（标以⊙）。其合成磁场磁力线，如图 3-6（b）所示，按顺时针方向在空间转了 120° 同理可画出 $t = 2/3T$ 和 $t = T$ 时的合成磁场磁力线的指向，如图 3-6（c）（d）所示。

综上所述，三相交流电通入两极三相定子绕组后，将产生磁极对数 $p = 1$ 的旋转磁场，且电流变化一个周期，其合成磁场在空间也旋转了 360°，根据我国交流电频率 f 为 50 Hz（赫兹），则两极（一对磁极）三相绕组的旋转磁场转速（也称同步转速，以 n_1 表示）应为

$$n_1 = 60\,\frac{f}{p} = 60 \times 50/1 = 3000\,(\mathrm{r/min})$$

上式表明，绕组磁极对数越多，旋转磁场转速越低。不同磁极对数的旋转磁场转速不同。

旋转磁场的转向按图 3-6 所示是电源与定子绕组同相序时的旋转磁场转向。如要改变

旋转磁场转向，只要任意变换两相电源线接入定子绕组即可。从上例分析可看出，当电动机定子绕组通以三相交流电时，便在定子空间产生旋转磁场。设某瞬间的定子电流及合成磁场如图 3-7 所示。若旋转磁场以同步转速、顺时针方向旋转，切割转子导体，在转子导体中便产生感应电动势，其方向用右手定则判定。这样得到转子上半部分导体的感应电动势的方向垂直于纸面向外（⊙），下半部分导体的感应电动势的方向垂直于纸面向内（⊗）。由于转子电路是闭合回路，在感应电动势的作用下将产生短路电流。此电流再与旋转磁场相互作用，从而产生电磁转矩（可用左手定则判定），使转子顺旋转磁场的方向旋转起来。但转子转速总是低于旋转磁场转速，这是异步电动机工作的必要条件。在一般在额定工况时，$n_2 = 0.92 \sim 0.98 n_1$。

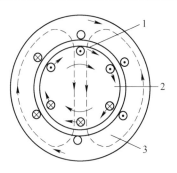

图 3-7　异步电动机工作原理
1—转子导体；2—转子；3—定子

第二节　三相鼠笼式电动机的铭牌

每一台电动机的外壳上都会钉有一块牌子，这块牌子称为电动机的铭牌。在铭牌上，通常会记载着电动机的型号以及一些必要的技术数据。这些信息对于电动机的使用、检查和修理都是非常重要的。如果铭牌的内容没有弄明白，就无法正确使用电动机，甚至可能导致事故或电动机烧毁。因此，在使用电动机之前，必须彻底搞清楚铭牌上的各项内容。在使用过程中，也要注意保护铭牌，不要使其损坏或丢失。

（1）型号。电动机的型号能够说明电动机的机壳形式、转子类型以及极数等信息。国产电动机的型号通常用汉语拼音字母 J02、JS、JRQ 和 JRZ 等表示，而新型电动机则用 Y 表示。

在拼音字母后面有些数字，旧型号后边的第一个数字代表机座号码，第二个数字表示铁芯长度的号码，在短画线后面的数字代表电动机的极数。

例如 J02-41-4。从左至右依次，J 表示交流异步，0 表示封闭式，2 表示第二次改进设计序号，4 表示 4 号机座，1 表示 1 号铁芯长度，4 表示磁极数。

（2）额定容量。额定容量也称为额定功率，表示该电动机能够长期稳定工作的最大功率。也就是说，电动机的额定容量表示了它能够带动多大负载的能力。例如，一台额定容量为 4.0 kW 的电动机，意味着它可以长期稳定地带动 4.0 kW 的机械工作。

在使用电动机时，需要注意电动机的功率与所拖动的机械功率的匹配。如果电动机经常过载工作，就像小马拉大车，可能会造成电动机过热或损坏。而如果电动机长期负载很轻，就像大马拉小车，则可能不经济。

有些老型号的电动机铭牌上使用"马力"来表示额定容量，而不是"千瓦"。需要注意的是，1 kW（千瓦）等于 1.36 hp（马力），而 1 马力等于 0.735 kW（千瓦）。为了方便记忆，也可以将 1 马力近似地看作等于 3/4 千瓦。

（3）转速。电动机在额定电压、额定频率和额定容量下工作时每分钟的转数，称为额定转速。电动机在不同负载下的转速是不相同的。当电动机空载或轻载时，其转速会比额定转速高；而当电动机过载时，其转速会比额定转速低。

在正常运行时，电动机的转速通常比同步转速低 2%~5%。这是因为电动机在正常运行时需要有一定的转矩来克服负载阻力，而同步转速是指电动机在没有负载时的转速。因此，电动机的实际转速会略低于同步转速。

需要注意的是，电动机的转速与负载大小密切相关。在选择和使用电动机时，需要根据实际负载情况来确定合适的转速范围，以确保电动机能够安全、高效地运行。

（4）额定电压、额定电流、接法。电动机的额定电压、额定电流以及连接方式之间存在紧密的联系。

例如，对于 4.5 kW 的电动机，铭牌上通常会标注接法为△/丫，电压为 220/380 V，电流为 16.4/9.5 A。这表示该电动机适用于 220 V 和 380 V 两种线电压，根据不同的线电压采用不同的连接方式，因此有不同的线电流。

额定电压是指定子绕组应接的线电压值。电源电压必须等于电动机的额定电压，电压过高或过低都可能导致电动机过热或损坏。

电动机的外接额定电压下，在额定功率下工作时的线电流称为额定电流。如果电流超过这个数值，电动机就会过热。

如果电源线电压是 220 V（指的是两火线间的电压，而不是指火线对中线间的单相电压），电动机应该采用三角形（△）连接方式使用，此时的额定电流是 16.4 A。如果电源线电压是 380 V，电动机应该采用星形（丫）连接方式使用，其额定电流是 9.5 A。

有些电动机铭牌上标 380 V、角形连接，则该电动机在正常运行时，应是三角形连接，不能接成星形。

额定电压 380 V 的 4 极三相感应电动机，额定电流值可以这样估算，其值为额定功率的 2 倍。例如 4.5 kW 的电动机，额定电流等于 4.5×2＝9 A。

用以上办法计算非常简单，在电动机容量不超过 55 kW 时，计算结果与实际额定电流值相当接近。

（5）定额是表示电动机允许连续使用时间的规定。电动机的定额有三种情况。

1）连续：表示这种电动机可以依照额定功率连续使用，绕组不会过热。在农村中使用的电动机，主要属于这种情况。

2）短时：在这种情况下，电动机不能连续使用，它只能在规定时间内依照额定的功率短时使用，才不会过热。

3）断续：这种电动机的工作是短时的，但可以多次断续重复使用。

（6）频率：我国交流电的一般通用的频率是 50 Hz。

（7）温升：通常来说，温升是指电动机比环境温度高出的部分。例如，如果环境温度是 25 ℃，电动机温度是 75 ℃，那么温升就是（75-25）℃＝50 ℃。

但是，铭牌上的"温升"并不是这个意思。它是指在规定的环境温度（一般是 35 ℃）下，绕组的允许温升。例如，如果铭牌上的"温升"是 60 ℃，那么在环境温度是 35 ℃时，绕组的温升不能超过 60 ℃，也就是绕组的温度不能超过（60+35）℃＝95 ℃。这个 95 ℃被称为绕组的允许温度。

电动机最容易受热损坏的部分是绕组，所以铭牌上的"温升"是绕组的允许温升。这个数值是由制造厂根据所用的绝缘材料的等级来决定的。绝缘材料越好，允许温度与温升也越高。

电动机正常运行时，实际温升不会超过允许的数值。如果发现温升超过允许值，就说明电动机有故障或者电源电压不正常。因此，温升是检查电动机运行是否正常的一项重要标志。

（8）功率因数。功率因数也可写成 cosφ。铭牌上所标明的功率因数，表示该电动机在额定功率时的值，在 0.85~0.9。在直流电路中，大家知道，功率＝电压×电流。在交流电路中情况是怎样的呢？

图 3-8 是一个白炽灯泡接在 220 V 电路内的情况，灯泡如果是 40 W，那么电路内电流表与电压表读数的乘积必等于 40。

图 3-9 是一个日光灯的连接线路，如果日光灯也是 40 W，那么可发现在日光灯电路中的电流表读数要比白炽灯电路中电流表读数大，把电流表的读数与电压表的读数相乘，大于 40 W。

同样是 220 V 的外加电压，负载也同样是 40 W，可是日光灯电路内的电流要比白炽灯电路的电流大。这说明在日光灯电路中有一部分电流并没有做功，但这部分电流又在线路上流动，必然要引起一部分的损耗。

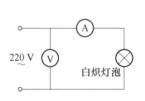

图 3-8　白炽灯泡连接

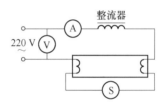

图 3-9　日光灯连接

在日光灯电路中，电压与电流的乘积被称为视在功率，而真正为设备提供能量的部分被称为有功功率。有功功率与视在功率的比值称为功率因数。由于日光灯电路中包含一个带铁芯的线圈，导致视在功率与有功功率不相等。这意味着在包含线圈的电路中，有功功率总是小于视在功率，因此功率因数也总是小于 1。

电动机也是一种包含线圈的设备，因此其功率因数也总是小于 1。而且，电动机的功率因数会随着负载的变化而变化。当电动机满载运行时，真正做功的部分比例较大，功率因数也较高；而当电动机轻载运行时，真正做功的部分比例较小，功率因数也较低，这会增加损耗并导致不经济的运行。

因此，在配用电动机时需要注意，既不应选择过小的电动机来驱动较大的负载（小马拉大车），也不要选择过大的电动机来驱动较小的负载（大马拉小车）。使用大马拉小车不仅会浪费设备容量，而且由于功率因数较低，会增加损耗。因此，在选择电动机时需要合理匹配负载和设备容量，以实现高效、经济的运行。

第三节　异步电动机的使用

一、电动机的选择

（1）型号选择。根据农业机械的技术要求和电动机安装处所的条件来选择电动机型号系列。在潮湿和多尘场所工作的农业机械，一般选择封闭式电动机。在较干燥、灰尘较少、环境条件清静的场所，可以选择防护式电动机。在防爆场所工作的，应选择防爆式电动机。

（2）容量选择。与农机具配套的电动机，其容量不能选得太小而不安全，也不能选得太大而不经济。一般来说，农业机械上都标明了应配套动力的容量，可以直接按标准容量选用。如果农业机械只标明了本机的功率，选择电动机容量时，只要比工作机械功率大10%即可。选择电动机容量时，还要考虑供电变压器的容量。一般来说，直接启动的最大一台鼠笼式异步电动机的容量，不要超过供电变压器容量的1/3。

（3）转速选择。电动机和与它配套的机械都应在各自额定转速下工作。为此，用联轴器直接传动时，两者额定转速应相等；如用皮带传动，两者的额定转速不能相差太多，平皮带传动比不宜超过8，三角皮带传动比不宜超过7，否则皮带容易打滑。农业机械的转速一般不高，四极电动机转速比较容易符合要求。

此外，Y系列电动机的功率范围为 0.55～90 kW，共有 63 个规格。它的设计、选材、加工等方面都比较精细而先进，具有性能好、噪声低、体积小、质量轻、绝缘高、功率等级加密等优点，因而节电效果显著，经济效益明显提高。选择电动机时应优先考虑 Y 系列电动机。

（一）导线及熔丝的选择

供电导线截面根据工作环境、电动机的额定电流和供电距离长短来选择，然后根据允许的电压损失不得超过额定电压的 5%～10% 进行验算调整。如果变压器在室外，这个电压损失应包括户外和户内两部分线路的电压损失。户外供电线路，一般选用铝芯裸绞线或钢芯裸铝绞线，户内供电线路及电动机引线，应选用绝缘铝芯或绝缘铜芯导线。

熔丝对电动机起短路保护作用，它常和启动器、熔丝盒配合使用。对于一台电动机，按熔丝额定电流约等于三倍电动机额定电流选用；对于一条线路上有几台电动机运行时，按总熔丝额定电流约等于三倍最大一台电动机额定电流，另加其余电动机额定电流之和选用。

（二）电动机启动设备的选择

三相鼠笼式异步电动机的启动方法有两种：一种是直接（全电压）启动，它的优点是设备简易，操作维修方便，启动转矩较大，缺点是启动电流大；另一种是降压启动，启动时降压，减小启动电流，待启动后再改换全电压运行，它可以减小电源网路电压波动，但启动转矩小，设备复杂。一般 10 kW 以下的电动机可采用直接全压启动，10 kW 以上的电动机采用空载降压启动。

1. 常用的直接启动设备

常用的直接启动设备有闸刀开关（见图 3-10）、铁壳开关（见图 3-11）。磁力启动器（见图 3-12）为磁力启动器的主要元件——交流接触器的构造和接线，图 3-13 为磁力启动器的使用接线原理，左方虚线大方框表示"启动器"，右方虚线小方框表示"按钮开关"。它们的前方常常还配有熔断器（图 3-14 为插入式，图 3-15 为管式）作为短路保护。

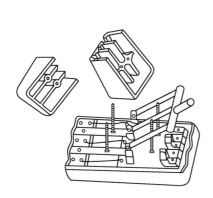

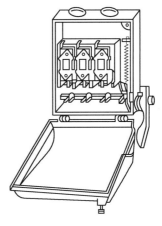

图 3-10　瓷底胶盖闸刀开关　　　　　图 3-11　铁壳开关

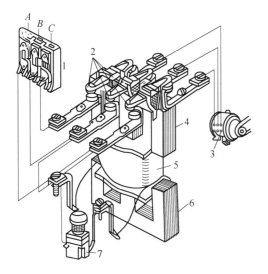

图 3-12　接触器的主要结构和工作原理
1—熔断器；2—主触头；3—电动机；4—动铁芯；
5—线圈；6—静铁芯；7—按钮

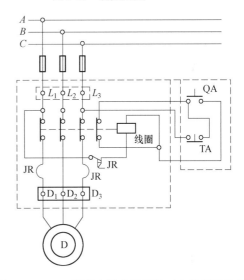

图 3-13　QC10 型磁力启动器接线（电路接通状态）

闸刀开关适用于功率在 10 kW 以下、启动不频繁的电动机。在选择规格时，应确保开关的额定电流约等于电动机额定电流的三倍。

铁壳开关适用于功率在 22 kW 以下、启动不频繁且要求更高安全性和可靠性的电动机。同样地，在选择规格时，应确保开关的额定电流约等于电动机额定电流的三倍。

磁力启动器（包括综合磁力启动器）适用于功率在 75 kW 以下，需要进行远距离频繁操作启、运、停的电动机。在选择规格时，应确保磁力启动器的额定电流大于或等于电动机的额定电流。这样可以确保磁力启动器能够满足电动机的启动和运行需求，并保证电路的安全和可靠性。

2. 降压启动

降压启动设备有星三角启动器、自耦减压启动器、电阻或电抗减压启动器等多种。最常用的是前两种。

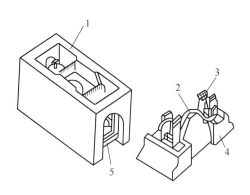

图 3-14　RC₁A 型插入式熔断器

1—瓷底座；2—熔丝；3—动触头；

4—瓷插件；5—静触头

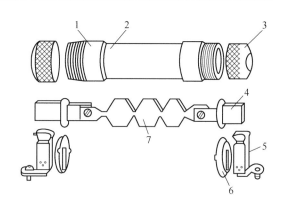

图 3-15　RM₁₀型管式熔断器

1—黄铜垫圈；2—纤维管；3—黄铜帽；4—刀形接触片；

5—刀座；6—特种垫圈；7—熔片

　　星三角启动器适用于轻负荷或无负荷启动，且在额定电压下作三角形接法工作的电动机。电动机的三相绕组六个引线端子都引出，其接线原理如下：图 3-16 为双投闸刀开关作丫-△启动时的接线，电动机的 D_4、D_5、D_6 分别与 K_1 的三组动刀片相连，D_1、D_2、D_3 除分别与三相交流电源相接外，还与"△运转"时闸刀上方各定刀口相应接线柱连接（要求动刀片向上合闸时能为△连接），闸刀的下方各定刀口互相连通（动刀片向下合闸时能为丫连接）。图 3-17 所示为手动油浸式丫-△启动器的接线图，L_1、L_2、L_3 分别接电源 A、B、C，电动机的六个接线柱分别与启动器相对应的固定接线柱相连即可。启动时使丫连接动触头旋转，与静触头接合，运行时使△连接动触头旋转，与静触头接合。

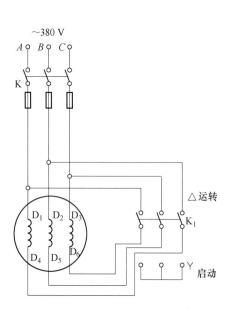

图 3-16　用双投闸刀开关进行丫-△启动电路

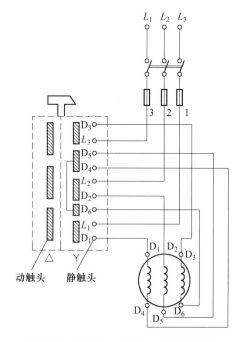

图 3-17　手动油浸式丫-△启动器接线

自耦减压启动器（见图3-18）适用于容量较大的电动机，工作接线方法不限。这种启动器的内部线路已接好，RJ是热继电器，JY是运行继电器（也称为电压继电器），TA为停机按钮，它们组成同一控制线路，启动器中的 L_1、L_2、L_3 接线柱分别与 A、B、C 三相交流电源相连，接线柱 D_1、D_2、D_3 分别与电动机三相绕组的 D_1、D_2、D_3 三相连（电动机接线柱应按额定工况接线法接好）。采用这种启动器时，由于启动电流和转矩较小，也只能在空载或轻载下启动。

降压启动器的选用规格应等于或稍大于电动机额定电流或功率。

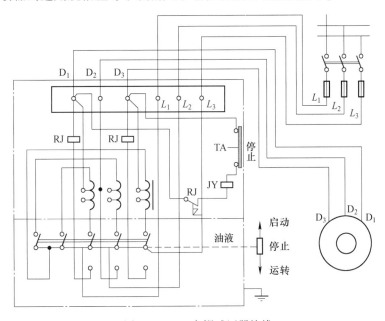

图3-18　QJ_3 自耦减压器接线

二、电动机的安装

（一）机械部分安装

安装地点要求干燥、通风、灰尘少，进出方便，地基牢靠，安装基础形式要适当，安装实施要认真，特别要注意传动装置的平行性、直线性或同心性，必要的安装间隙和紧固后试运转的灵活性等。

（二）电器部分安装

在进行电器部分的安装时，首要关注的是电机及其他电器设备的安全保护接地装置的安装。此保护接地装置包含接地体和接地线两部分。地下部分的垂直和水平接地体需深埋地下至少0.5 m，并确保其焊接牢固，形成一个完整的接地系统，之后用土壤填埋固定。从露地孔至电气设备的接地金属壳，一般采用铜线或镀锌铜线进行可靠连接，并在完成后涂抹防锈油或漆以保护连接部分。在埋有地下水管的地方，可以选择使用水管作为接地体。

（三）启动设备和电动机引线的安装

安装启动设备和电动机引线时，闸刀开关必须垂直安装，合闸时手柄朝上。拉闸刀后，应确保刀片上不带电，且闸刀开关的安装高度应在 1.5 m 以上。熔丝的选择和连接必须正确，金属外壳的接地必须可靠。电动机的引线应使用绝缘导线，地面上的引线部分需要使用硬塑料管或槽板进行防护。沿地面下层敷设的部分可以选择使用地下埋线、埋管、电缆沟或槽板等方式进行防护，并确保防护完成后填埋固定，如图 3-19 和图 3-20 所示。

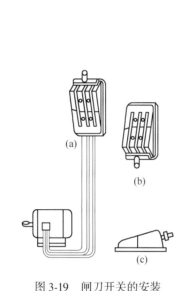

图 3-19　闸刀开关的安装
（a）竖装正确；（b）倒装不正确；（c）平装不正确

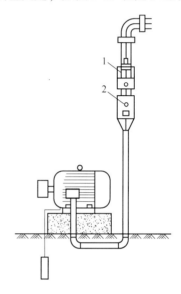

图 3-20　用磁力启动器时的装置图
1—闸刀开关；2—磁力启动器

（四）电动机引线与电动机接线柱的安装

在电动机引线与电动机接线柱的安装过程中，所有线路的安装和接线工作完成后，需要进行仔细的检查和试运转，以确保达到合格的标准。

具体来说，首先需要检查电动机引线与接线柱的连接是否牢固、接触良好，确保没有松动或接触不良的情况。其次，需要检查接线是否正确，包括电源线、控制线等，确保没有错接或漏接的情况。

三、电动机的运行过程涉及启动和运行两个阶段

（一）在电动机的启动阶段

启动前的检查是至关重要的。在启动电动机之前，必须对机器和设备进行全面的机械和电气检查，以确保它们处于良好的工作状态。

启动操作需要由专业操作人员来执行，并且必须严格遵守安全操作规程。操作人员和他们的衣物都需要符合劳保安全标准。在操作过程中，人员应处于安全的位置。当一条供电线路内连接有多台电动机时，应按照电动机的容量大小来确定启动顺序，先启动容量较

大的电动机。如果电动机在合闸后不转动或转动不正常，应立即切断电源，停机进行检查。

（二）在电动机的运行阶段

操作人员需要持续关注电动机的工作状态，包括其温升、电流、电压、轴承温度等参数。同时，还需要注意电动机是否有异常的振动、冒烟、异响或不正常的气味等现象。如果电动机在运行过程中出现了人身事故、机械故障、电动机或启动设备冒烟起火、剧烈振动、内部串轴或扫膛、转速突然下降或温度迅速上升、电动机漏电等任何异常情况，都需要立即切断电源，停机进行处理。

（三）预防缺相运行的简单保护措施

三相电动机在运行中，如果一相熔丝或绕组断路，而电动机仍能继续运行，这种情况被称为电动机的缺相运行。在这种情况下，未断路的两相电流会比正常电流大，但由于熔丝的选用是为了保证电动机启动需要，其电流不会达到熔丝熔断的电流。长时间通过大电流会导致电动机定子绕组温度过高，加速绝缘老化或烧坏。在农村地区，由于缺相运行而损坏的电动机数量不少。

为了防止电动机缺相运行，除了经常检查熔丝、闸刀的接触是否良好以及接线有无松动外，还可以加装断相监视信号灯，以便及时发现缺相运行，迅速采取相应措施，防止事故发生。此外，还可以通过装设双闸刀、双保险来防止缺相运行。具体做法是：启动时合上按启动要求选用的一组闸刀和熔丝的开关，启动以后，合上另一组并联的按电动机运行额定电流选用的闸刀和熔丝的开关，然后断开启动闸刀开关。这种办法比较简单，也很可靠。但需要注意的是，任一开关工作时，另一开关的刀片上下都带电，要严防触电事故发生。

四、电动机的保养

电动机的保养是一项重要工作，它涉及多方面的内容。以下是电动机保养的详细内容：

电动机的外部应保持清洁和干燥。如果电动机停放在室外，建议为其加装护罩，同时室外的开关箱应加锁，以确保其安全。定期清除电动机和启动设备上的尘土和污垢是保养的基本步骤，这有助于维持设备的良好运行状态。

定期检查并紧固接线螺丝和导线，确保它们没有松动或损坏。同时，要检查轴承的磨损情况和润滑状况。如果发现轴承磨损严重或润滑不足，应根据情况更新轴承或添加润滑剂。

电动机的活动部分也需要定期检查，确保其灵活运作。接地线的完好与可靠性是安全的重要保障，因此必须对接地线进行仔细检查。

电气性能方面，应定期检查电动机绕组对地和相间的绝缘电阻以及各相的直流电阻。同时，还要检查电动机及其他电气设备的接地电阻，确保其符合规定标准。

特别是对于久停后准备重新使用的电动机，保养检查尤为重要。在重新启动之前，应确保电动机及其相关设备都处于良好的状态。

除了电动机本身，传动装置、农机具、机座等也需要相应的检查和保养。例如，皮带应保持清洁，无潮湿和油污。在运行过程中，应确保皮带不打滑。当皮带不使用时，建议涂上滑石粉并悬挂起来，以延长其使用寿命。对于链条或齿轮传动系统，要注意清洁、润滑和防锈蚀等维护措施。

第四章　耕整地机械

第一节　耕地机械概述

耕地机械是农业生产中不可或缺的重要工具，其中铧式犁是应用最广泛的一种。根据动力来源，铧式犁可以分为畜力犁和机力犁；根据用途，可分为旱地犁、水田犁、山地犁、特种用途犁；根据与拖拉机的挂接方式，可分为牵引犁、悬挂犁、半悬挂犁。

一、铧式犁的类型及特点

（一）牵引犁

牵引犁是机力犁中发展最早的一种形式，主要由牵引装置、犁架、犁轮、小前犁、圆犁刀、液压升降机构和调节机构等部件组成。牵引装置将犁与拖拉机连接在一起，使得拖拉机的动力可以传递给犁，使其进行耕作。

在犁架的支撑下，沟轮在前一次行程所开出的犁沟中行走，地轮行走在未耕地上，尾轮行走在最后犁体所开出的犁沟中。这种设计使得牵引犁能够有效地进行耕作，同时保持耕地的平整和深度。

然而，由于牵引犁整机较笨重，机构复杂，作业效率较低，因此其应用已逐渐减少。这表明在农业生产中，对于耕作机械的需求正在发生变化，需要更加高效、轻便的机械来满足现代农业的需求。

（二）悬挂犁

悬挂犁是通过悬挂架与拖拉机悬挂机构相连接，形成一个完整的耕作机组。在运输过程中，犁可以方便地悬挂在拖拉机上。耕作的深度可以根据拖拉机的液压系统或者限深轮来进行调整。悬挂犁的悬挂轴两端设计成曲拐轴销，方便通过操纵手柄来进行耕宽的调节。部分悬挂犁在左下悬挂臂上装有耕宽调节器，只需转动调节器手柄即可简便直观地改变耕作宽度。

悬挂犁是继牵引犁之后发展起来的一种机型，在农业生产中应用广泛。与牵引犁相比，悬挂犁具有以下优点。

减少金属用量：悬挂犁的设计使得其质量比同样耕幅的牵引犁轻 40%～50%，大大减少了金属的用量，降低了生产成本。

机动性强：悬挂犁的机组转弯半径等于拖拉机的转弯半径，这使得在耕作过程中，尤其是在小块田地中，悬挂犁能够快速、灵活地转弯，提高了生产效率。

驱动轮增重：悬挂犁对拖拉机驱动轮的增重较大，这有助于减小驱动轮的滑转率，有利于拖拉机功率的充分发挥，提高了耕作效率。

延长使用寿命：由于取消了地轮、沟轮和尾轮及起落机构等容易磨损的部件，悬挂犁的使用寿命较长，且维护保养方便，降低了维修成本。

然而，需要注意的是，在运输状态下，悬挂犁的重量全部由拖拉机承担。因此，如果犁越重或重心越靠后，拖拉机的纵向稳定性和操向性就越差。这限制了犁的结构长度不能过大，犁体数不能过多。因此，在设计和制造悬挂犁时，需要考虑到这些因素，以确保其在实际应用中的稳定性和可靠性。

二、铧式犁的组成

铧式犁主要由工作部件和辅助部件组成。工作部件包括主犁体、小前犁、犁刀和松土铲等，其中主犁体和圆犁刀是普通铧式犁最常用的工作部件。辅助部件包括犁架、牵引和悬挂装置、犁轮和起落调节机构等。

（一）主犁体

主犁体（见图4-1）是铧式犁的主要工作部件，由犁铧、犁壁、犁侧板、犁柱和犁托等组成。犁铧和犁壁组成了犁体的工作曲面。犁铧底部的边缘是水平工作刃，称为底刃，而犁铧和犁壁前侧方的边缘是垂直工作刃，称为胫刃。犁体的首末两端和犁侧板的尾端构成了犁体的三个支撑点。

在工作时，主犁体前行，底刃水平，胫刃垂直，按一定的深度和厚度切开土层，将土垡沿曲面升起、侧推和翻转，并在此过程中不断破碎，以达到耕地的基本要求。

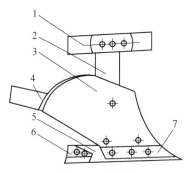

图 4-1　主犁体

1—犁架；2—犁柱；3—犁壁；4—延长板；
5—犁侧板；6—犁后踵；7—犁铧

1. 犁铧

犁铧（见图4-2）又称犁铲，其功用是切开土壤，抬起土垡，并将其送往犁壁。主要有梯形、凿形和三角形三种形式，以梯形和凿形两种应用最为广泛。

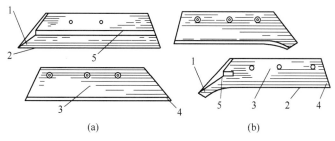

（a）　　　　　　　　　（b）

图 4-2　犁铧

（a）梯形铧；（b）凿形铧

1—铧尖；2—铧刃；3—铧身；4—铧翼；5—加厚部分

2. 犁壁

犁壁是安装在犁铧上部的部件，并与犁铧共同构成犁体的工作曲面。这个工作曲面是一个复杂的曲面，其中犁壁的表面是主要部分。

犁壁的前部称为犁胸，主要起到碎土的作用；后部称为犁翼，主要起到翻土的作用。为了提高翻土能力，通常在犁翼的尾部会安装延长板。

犁壁曲面的形状对犁的工作性能有重要影响。常见的犁壁曲面类型有熟地型、半螺旋型、螺旋型和窜垡型四种，如图 4-3 所示。不同类型的曲面形状具有不同的工作特性，适用于不同的耕作需求。

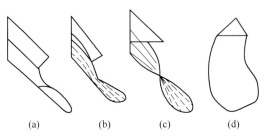

图 4-3　犁壁的类型

（a）熟地型；（b）半螺旋型；（c）螺旋型；（d）窜垡型

窜垡型犁壁仅适用于水田的耕翻，而熟地型和半螺旋型在旱田耕翻上应用最为广泛。熟地型、半螺旋型和螺旋型犁壁的翻土能力依次增强，但碎土能力依次减弱。螺旋型犁壁耕后土垡几乎不碎，连成长条，俗称"明条"。

犁壁的结构有整体式、组合式和栅条式三种类型。整体式犁壁制成一个整体，但局部磨损后需整体更换，不够经济。组合式犁壁的胸部和翼部分开，工作中胫刃和胸部磨损较快，可单独更换。栅条形犁壁减少了土壤和犁壁的接触面积，有利于脱土和降低阻力，但制造较复杂。

3. 犁侧板

犁侧板是犁体的侧向支撑面，主要承受犁体工作中的侧压力，确保犁体在工作中的横向稳定性。犁侧板通常由扁钢制成，断面呈矩形。对于多铧犁的最后一个犁体，其侧板较长，以增加平衡侧压力的能力。在侧板的末端下方，通常装有位置可调的犁踵。当犁踵下端磨损后，可以进行向下补偿调整。如果磨损严重，可以更换整个犁踵。

4. 犁托和犁柱

犁托是犁铧、犁壁和犁侧板的连接支撑件。它的表面应与犁铧、犁壁的背面紧密贴合，其曲面形状和安装孔位的精度直接影响到犁体曲面的形状和工作性能。

犁柱是重要的连接和传力件，其下端固定在犁托上，上端则用螺栓固定在犁架上。犁柱有钩形犁柱和直犁柱两种形式。有些情况下，直犁柱和犁托会制成一个整体，称为高犁柱，如图 4-4 所示。

犁体装配的技术要求如下。

（1）犁铧和犁壁的连接处应紧密，工作面上的缝隙不应超过 1 mm。犁壁的工作面应光滑，不允许犁壁高出犁铧，允许犁铧高出犁壁，但不得超过 2 mm。

（2）犁胫刃线应在同一平面内，如有偏斜，也只允许犁铧凸出犁壁之外，但不得大于 5 mm。

（3）犁体的垂直间隙和水平间隙应符合要求。垂直间隙是指犁侧板前端下边缘至通

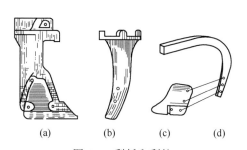

图 4-4　犁托和犁柱
（a）高犁柱；（b）直犁柱；（c）钩形犁柱；（d）犁托

过铲刃的水平面之间的距离，一般为 10~15 mm。垂直间隙的功用是保证犁体入土容易和耕深的稳定。水平间隙是指犁侧板前端外边缘至沟墙之间的距离，一般为 5~10 mm。水平间隙的功用是保证犁体耕宽的稳定。

（4）犁铧、犁壁与犁柱间应紧贴，局部缝隙在中部不应超过 3 mm，上部不超过 8 mm。螺栓连接处必须靠紧。

（5）所有埋头螺钉应与工作面平齐，不得凸出，下凹量也不得大于 1 mm。

（二）小前犁和覆草器

为了提高犁的工作质量，可以在主犁体前安装小前犁。小前犁的作用是在主犁体前先将表层一部分土壤切出并翻转，然后主犁体耕起的土垡再将小土垡覆盖于沟底，从而改善覆盖性能。

小前犁的结构一般有铧式、切角式和圆盘式三种类型。

1. 铧式小前犁

铧式小前犁的结构与主犁体相似，但没有犁侧板。小前犁安装在主犁体前面的犁架上。耕地时，小前犁首先将主土垡的左上角切开，形成矩形断面的小土垡，并将其翻至沟底。然后，主犁体翻起的主土垡覆盖在小土垡上，从而提高了覆盖质量和翻土程度。一般耕深不足 10 cm，地面残根杂草较少。对于土壤比较疏松的熟地的耕翻，通常不需要使用小前犁。

2. 切角式小前犁

切角式小前犁设计为勺形，通常与圆犁刀一同装配。在耕作过程中，它位于主犁体前方，能够切除主土垡的一角。由于这种小前犁的结构相对简单，因此不易发生堵塞，并且产生的阻力也较小。

3. 圆盘式小前犁

圆盘式小前犁设计为球面圆盘，安装在主犁体前方，凹面朝向前进方向并具有一定的偏角。工作时，圆盘式小前犁通过滚动来切土，不易黏土和缠草，因此工作阻力较小。同时，由于切垡呈圆弧形断面，使得主犁体的沟壁不易落下，有利于保持犁沟的整洁。然而，这种小前犁的结构相对复杂。

4. 覆草器

为了使犁的结构更加紧凑并增大相邻犁体之间的通过间隙，有些犁取消了小前犁，而是在犁体顶部安装了覆草板或覆草盘。工作时，覆草板或覆草盘将主犁体胫刃一侧的带草表土先行翻扣，从而起到了与小前犁相似的作用。虽然覆草器简化了犁的结构，但其性能稍逊于小前犁。

（三）犁刀

犁刀安装在主犁体的前方，其主要作用是沿犁体胫刃线切出整齐的沟墙，以减小主犁体的阻力和减轻胫刃部分的磨损。此外，犁刀还有切断杂草、残茬，改善覆盖质量的作用。

犁刀有直犁刀和圆犁刀两种类型。直犁刀结构简单，但工作阻力较大，常用于深耕和工作条件恶劣的特种犁上。

圆犁刀滚动切土，阻力较小，工作质量较好，不易挂草和堵塞。圆犁刀的刀盘有普通刀盘、波纹刀盘和缺口刀盘等形状。普通刀盘为一平面圆盘，应用最广。

犁刀由叉架、刀柄、圆盘和轴承等组成。叉架装在刀柄上，刀柄上端用卡板固定在犁架上。叉架的下方装有带盘毂的圆盘，盘毂内有轴承。为防止灰尘进入和润滑油溢出，在轴承两端装有轴承盖，盖内有油封，工作时定期加注润滑油，以减轻磨损。

三、铧式犁的辅助部件

（一）犁架

犁架是铧式犁的基础部件，用于安装工作部件和其他辅助部件，并传递动力。因此，犁架应有足够的刚度和强度。

犁架的结构有平面组合式、三角形整体式和梯形整体式三种类型。目前在生产上应用较多的系列犁均采用三角形或梯形整体式犁架，如图 4-5 所示。

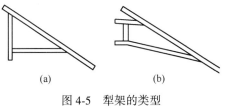

图 4-5　犁架的类型

（a）三角形整体式；（b）梯形整体式

这种犁架的犁梁多用矩形钢管焊接而成，质量小，抗弯性能好。犁体用 U 形螺栓安装在主斜梁上，方便换装不同的犁体，从而实现犁的系列化。

（二）牵引和悬挂装置

1. 牵引装置

牵引装置位于牵引犁犁架的前端，用于与拖拉机的牵引系统相连，实现犁与拖拉机的挂接。牵引装置主要由主拉杆、斜拉杆、横拉杆、挂钩和安全器等组成。

主拉杆与横拉杆相互垂直，并与斜拉杆用螺栓安装起来，构成三角形结构。横拉杆的两端用耳环、螺栓和销钉安装在犁纵梁上。主拉杆的前端装有挂钩，用于与拖拉机相挂接。

安全器为摩擦销钉式，通过两个螺栓扭紧后拉板间的摩擦力和一个安全销传递牵引力。当工作负荷超过规定值时，安全销被剪断，牵引钩从主拉杆上脱出，从而保证了犁的安全。

2. 悬挂装置

悬挂犁通过悬挂装置与拖拉机的液压悬挂机构相连，以实现犁与拖拉机的挂接。悬挂装置主要由悬挂架和悬挂轴组成，如图4-6所示。

（1）悬挂架。悬挂架的人字架安装在犁架的前上方，并通过支杆与犁架后部相连。人字架上端有2~3个悬挂孔，作为犁的上悬挂点，孔位可根据需要选用。

（2）悬挂轴。悬挂轴的结构有整轴式和销轴式两种。整轴式一般为曲拐轴式。曲拐轴式悬挂轴的两端具有相反方向的曲拐，是犁的两个下悬挂点。通过改变曲拐轴在机架上的高低位置和左右位置，可以调整犁下悬挂点的位置。此外，通过调节丝杠可使悬挂轴在安装轴孔内转动，从而调节左右下悬挂点的前后相对位置。

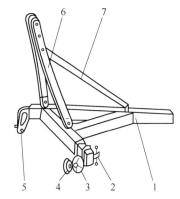

图4-6 北方系列犁犁架及悬挂装置
1—犁架；2—调节手柄；3—耕宽调节器；
4—左下悬挂销；5—右下悬挂销；
6—人字架；7—支杆

曲拐轴式悬挂轴的两端具有相反方向的曲拐，作为犁的两个下悬挂点。通过调整曲拐轴在机架上的高低位置和左右位置，可以调整犁下悬挂点的位置。此外，通过调节丝杠可以使悬挂轴在安装轴孔内转动，从而调节左右下悬挂点的前后相对位置。

销轴式悬挂轴为分开的左、右悬挂销，分别安装在犁架前部左、右两端，结构简单，调整方便，如图4-6所示。右悬挂销安装在犁架右前端的销座上，有两个安装孔可供选用。左悬挂销通过耕宽调节器安装在犁架左端。耕宽调节器在犁架上，有装在犁架上方和下方两种安装方式，图4-6是安装在犁架下方的情形。左右位置也可根据需要进行调整，此外还可通过调节耕宽调节器的手柄来调整左悬挂销的前后位置，从而调节犁的耕宽。

（三）犁轮

（1）牵引犁有地轮、沟轮和尾轮三个犁轮，分别通过弯臂轴安装在犁架的左、右和尾部。地轮和沟轮结构和尺寸基本相同，尾轮尺寸较小，且轮盘与地面倾斜成一定的角度，用以抵抗侧压力，使犁稳定工作。

（2）悬挂犁上常在犁架左侧纵梁上安装一个限深轮。

（3）通过调节丝杠可以改变限深轮与犁架的相对高度，以调节耕深。悬挂犁限深轮一般为辐板式结构，有开式和闭式两种类型，如图4-7所示。

（四）牵引犁的起落与调节机构

牵引犁的起落与调节机构的作用是控制犁的起落，调节犁的耕深，并保持犁架的水平。这些作用都是通过改变犁轮与犁架间的相对位置来实现的。起落机构有机械式和液压式两种类型，目前以液压式应用最广。

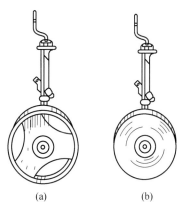

(a)　　　　　　(b)

图4-7 悬挂犁的限深轮
(a) 开式；(b) 闭式

液压式起落与调节机构主要由地轮机构、沟轮机构、尾轮机构和液压系统组成，以保证犁的左右两侧同时起落和调节犁架左右保持水平。

1. 尾轮机构

尾轮机构主要由焊在地轮弯臂轴上的摇臂、尾轮拉杆、尾轮转臂、尾轮弯臂轴、水平调节螺钉和垂直调节螺钉组成尾轮联动机构和尾轮调节机构。联动机构的作用是配合地轮机构，共同完成犁的升降。调节机构的作用是调节尾轮工作时的正确位置，保证犁架前后水平。

2. 液压系统

液压系统主要由油泵、分配器和油缸组成。油缸尾部装在犁架上的支座上，活塞杆头部与地轮弯臂轴上的转臂铰连。通过液压系统的控制，可以实现犁的升降和耕深的调节。

第二节　犁 的 使 用

犁的正确使用对于保证翻地作业质量、延长犁的使用寿命以及安全生产都具有重要意义。

一、注意事项

（1）机车在起步前，应先发信号，并使犁逐渐、平稳地进入正常的工作状态。这样可以确保犁的正常工作，避免对机组造成损坏。

（2）禁止在机组作业过程中进行注油、调整、清除泥土和排除故障等工作。这些操作应该在机组停止运行时进行，以确保操作人员的安全。

（3）地头转弯时，须将犁升起，严禁转弯不起犁或急转弯。这样可以保护犁的传动部件，避免损坏。

（4）对于液压翻转犁，严禁不升犁翻转换向；犁升起翻转换向或转弯时，严禁人员靠近。这是为了防止人员受伤，同时也保护了犁的传动部件。

（5）犁在行进中，犁架上禁止坐人或放置重物。这是为了确保犁的稳定性和安全性，避免发生意外事故。

（6）犁做短距离运输时，悬挂犁将中央拉杆缩短，调紧限位链，用定位阀锁紧油缸；机械翻转犁在运输时，挂接钩与提升臂卡爪最好挂接上，以提高运输间隙。这样可以保护犁的传动部件，避免在运输过程中受到损坏。

（7）机械翻转犁工作中需在前进中落犁，待挂接钩与提升臂的卡爪挂上之后，再继续前进进行作业。

（8）在犁架下进行检查或修理时，犁体应降到地面或用木块垫起，并且把发动机熄火或把犁与拖拉机分开。

二、犁的保养

（一）犁的技术保养工作

正确执行犁的技术维护是充分发挥其工作效能、保证耕地质量、延长使用寿命的重要措施之一。为了保持犁的良好状态，应遵循"养重于修"的原则，做好犁的技术保养工作。

1. 班次保养

（1）在每个工作班次结束后，应清除粘在各牌面、犁刀及限深轮上的泥土和缠在犁柱上的植物根株。这些泥土和植物根株会影响犁的工作效果和效率，及时清除可以确保犁的正常运转。

（2）检查主犁体、小前犁、圆犁刀和限深轮的固定情况，如果发现松动，应及时紧固。这些部件的固定情况直接影响到犁的工作效果和安全性，因此需要定期检查并紧固。

（3）对犁刀、犁轮及调节丝杆等需要润滑的部位，每班次注油 1~2 次。润滑可以减少部件之间的摩擦，提高工作效率，延长使用寿命。

（4）对于液压翻转犁，其换向轴、中心轴每班前应注油 1 次。这些部位是液压系统的重要组成部分，定期注油可以确保系统的正常运行。

通过执行这些班次保养措施，可以确保犁在工作中保持良好的状态，提高工作效率，延长使用寿命。同时，也有助于及时发现并解决潜在的问题，确保耕地的质量和安全。

2. 定期保养

犁每作业 60~100 h 后，需要进行定期保养，以确保其正常工作并延长使用寿命。

（1）检查犁铧的磨损情况，特别是刃口厚度。如果刃口厚度超过 1.5 mm，应及时进行修理或更换。磨损严重的犁铧会影响犁的切割效果，降低工作效率。

（2）检查限深轮的轴向间隙。如果轴向间隙超过规定值，需要及时进行调整，同时加注润滑油。保持限深轮的良好状态可以确保犁在耕地时的深度控制精度。

（3）圆犁刀的径向跳动量和端面跳动量需要进行检查。如果径向跳动量不大于6 mm，端面跳动量超过规定值不大于 4 mm，则需要进行修理或更换。圆犁刀的跳动量过大会影响耕地的平整度和耕作质量。

（二）犁的保管

为了确保犁在长时间不用时的良好状态，需要进行妥善的保管。以下是一些建议的保管措施。

（1）清除各部泥土和杂草：在犁停放之前，应清除各部件上的泥土和杂草，保持清洁。这样可以避免泥土和杂草对部件造成损害。

（2）清洗活动部件并注油或涂油：将活动部件清洗干净，然后注油或涂上润滑油，以保持其润滑状态。这样可以防止部件生锈，确保其灵活性。

（3）犁铧、犁壁、犁侧板和圆犁刀的工作面要涂油：在犁的重要工作面如犁铧、犁壁、犁侧板和圆犁刀上涂抹适量的润滑油，以防止生锈和磨损。

（4）容易生锈或掉漆处应涂油或补漆：对于容易生锈或掉漆的部位，应涂上防锈油或补漆，以保护金属表面不受腐蚀。

（5）长期不用时，应将犁停放在地势较高无积水的地方：如果犁需要长时间不用，应将其停放在地势较高且无积水的地方。这样可以避免因潮湿导致的锈蚀和损坏。

（6）各犁体和限深轮须垫起，犁上覆以防雨物：为了防止犁体和限深轮因重力而变形，应将它们垫起。同时，为了防止雨水对犁造成损害，应覆盖防雨物。

（7）有条件的地方应将犁存放在库棚内：如果条件允许，最好将犁存放在库棚内。库棚可以提供良好的防尘、防潮、防晒等环境，有利于延长犁的使用寿命。

三、耕地方法

双向犁在向一侧翻土时，通常采用菱形耕法。而普通铧式犁的耕地方法有多种，包括内翻法、外翻法、内外翻法和套耕法。

（一）内翻法

内翻法也称为闭垄耕法，如图4-8所示。犁从耕区的中线内左侧进入，向右侧转弯，然后从右侧返回，依次耕完整个耕区。最后，在耕区的中间形成了一个闭垄，而两侧则形成了犁沟。

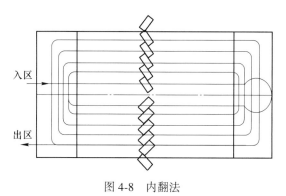

图4-8　内翻法

（二）外翻法

外翻法也称为开垄耕法，如图4-9所示。犁从耕区的右侧进入，向左转弯，然后从耕区的左侧返回，依次耕完整个耕区。最后，耕区的中间形成了一个开垄（即犁沟），而两侧则形成了闭垄。

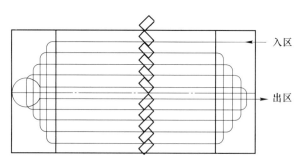

图4-9　外翻法

内翻法和外翻法主要适用于较小地块的耕地作业。这两种方法的操作相对简单，但在实际应用中，它们会导致较多的开闭垄和机组空行，增加了额外的操作步骤。此外，这些方法还会导致机具的单边磨损问题比较严重，可能会影响机具的使用寿命和效率。因此，从长期和效率的角度来看，不建议频繁采用内翻法和外翻法进行耕地作业。

（三）内外翻法

在地块较大的情况下，可以将地块分成多个小区。首先，使用内翻法耕完第一区和第三区，然后使用外翻法耕完第二区。接下来，依次耕完第五区、第四区、第七区、第六区等，如图 4-10 所示，直到整个地块耕完。

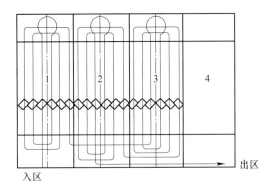

图 4-10　内外翻法

内外翻法的优点在于：在小区的衔接处没有开闭垄，因此开闭垄的数量减少了一半。此外，机具向两个方向转弯，使得机具的磨损更加均匀，克服了仅使用内翻法或外翻法时机具磨损不均匀的缺点。

然而，以上提到的内翻法、外翻法和内外翻法都存在一个共同的缺点，即回转地头较大。这意味着在耕地过程中，需要较大的空间来调整机具的方向，可能会增加作业的难度和时间。

（四）套耕法

将地块分成四个小区，从第三区的右侧开始，使用外翻法依次耕作第一区和第三区。然后，从第二区的右侧入犁，使用内翻法耕作第二区和第四区，如图 4-11 所示。

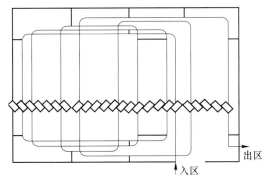

图 4-11　套耕法

套耕法除了具有内外翻法的优点外，还具有回转地头小的优势。然而，这种方法的实施需要对小区进行精确的划分。如果小区划分不精确，可能会导致耕作效果不佳或机具磨损不均匀等问题。

因此，在采用套耕法进行耕地作业时，需要特别注意小区的划分和机具的调整，以确保耕作质量和机具的使用寿命。

第三节　旋　耕　机

随着我国农业机械技术的不断进步，农业生产过程变得更加高效和便捷。耕整地作业作为农业生产的重要环节，有多种农业机械可供选择和使用。其中，旋耕机作为一种动力型的耕整地机械，能够很好地满足耕地土壤的翻耕作业要求，显著提高土壤的透水和透气性，为农作物的生长创造有利条件。

旋耕机的作业能力和效率与驾驶员的操作技术和维修保养观念密切相关。不规范的操作与维修会导致翻耕土壤质量变差，同时会影响机械零件的使用寿命。因此，研究与推广旋耕机的操作与故障维修方法对优化旋耕整地作业质量具有现实意义。

为了确保旋耕机的正常运行和延长使用寿命，驾驶员需要掌握正确的操作技巧和维护方法。同时，定期对旋耕机进行保养和维修也是非常重要的。通过正确的操作和维护，可以确保旋耕机的作业质量和效率，为农业生产提供更好的支持。

因此，推广旋耕机的操作与故障维修方法对于提高农业生产效率和质量具有重要意义。同时，加强驾驶员的培训和教育也是非常必要的，以确保他们能够正确、安全地操作和维护旋耕机。

一、旋耕机的工作原理

旋耕机也被称为旋耕犁，它利用旋转的刀齿来替代传统的犁体对土壤进行耕作。其工作过程如图 4-12 所示。在旋转过程中，刀齿以一定的速度回转，切削土壤，并将切下的土块向后抛掷。当土块与拖板碰撞时，土块被破碎，同时地表面被拖板拖平。

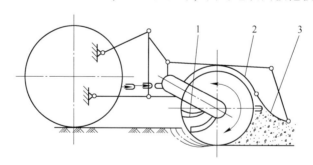

图 4-12　旋耕机的工作过程
1—旋耕刀齿；2—机罩；3—拖板

旋耕机的碎土能力非常强，耕后的土壤变得松碎且地表平坦，其效果相当于传统的耕耙作业。此外，旋耕机还能将土肥充分混合，提高肥效。

旋耕机的工作部件由拖拉机动力输出轴提供动力来驱动旋转。在工作中，刀齿回转的方向与拖拉机驱动轮回转的方向相同，因此会产生向前的推动力，使得机组具有良好的防陷和通过性能。

然而，旋耕机也存在一些缺点。首先，其动力消耗较大。其次，由于其耕作方式的原因，耕深相对较浅。最后，其覆盖质量也相对较差。

尽管如此，旋耕机在农业生产中仍然发挥着重要作用，特别是在需要快速、高效地进行土壤处理的情况下。

二、旋耕机的类型和一般构造

（一）类型

旋耕机根据其与拖拉机的连接形式，可以分为牵引式、悬挂式和直接联结式三种。此外，按照旋耕刀轴的配置形式，旋耕机又可以分为横轴式（卧式）、立轴式（立式）和斜轴式三种。刀轴的转动有两种形式，分别是中间传动和侧边传动。同时，刀片的旋转方向也有正转和反转两种形式。目前应用最广泛的国产旋耕机大多采用卧式刀轴、侧边传动和正转工作方式。

（二）一般构造

旋耕机通常由机架部分、传动部分、工作部分和其他辅助部分组成。这些部分共同协作，使旋耕机能够正常工作，实现对土壤的耕作和破碎。

1. 机架

机架是旋耕机的核心结构，由前主横梁、侧传动箱和侧板组成一个稳固的框架。侧传动箱和侧板的前端固定在前梁的两端，形成了一个坚固的支撑结构。前梁的中部安装有悬挂架，用于连接拖拉机，使旋耕机能够悬挂在拖拉机上。后部则安装有机罩和拖板，用于保护旋耕机的重要部件，并提供更好的稳定性和导向性。

2. 传动部分

传动部分是旋耕机的心脏，由万向传动轴、中央齿轮变速箱和侧边链传动箱组成。齿轮变速箱采用两级减速设计，第一级为直齿圆柱齿轮减速，第二级为圆锥齿轮减速。这种设计可以提供稳定的动力传递，并减少噪声和振动。为了适应不同转速要求的拖拉机，可以通过更换不同齿数的圆柱齿轮来改变传动速比，使旋耕机与动力输出轴转速不相同的拖拉机配套工作。

3. 工作部分

旋耕机的工作部分主要由刀轴、刀座和刀齿组成。刀轴采用无缝钢管制成，两端焊有轴头，轴管上按照螺线规律焊有刀座。刀齿则用螺栓固装在刀座上。

刀齿的形式有多种，常用的有凿形刀齿和弯刀齿两种，如图 4-13 所示。凿形刀齿属于松土型刀齿，主要靠冲击破土，入土能力很强，阻力也较小，但容易缠草，适用于土质较硬、杂草较少的工作条件。弯刀齿属于切割型刀齿，主要靠刀片的弧形刃口切割土壤，有滑切作用，切割能力强，不易缠草，有较好的松土和抛翻能力，但消耗的功率较大。这种刀齿有左弯和右弯之分，在刀轴上可以搭配安装。

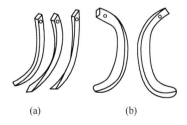

图 4-13　刀齿的类型

（a）凿形刀齿；（b）弯刀齿

通过不同的刀齿形式和组合方式，旋耕机可以适应不同的土壤类型和工作条件，实现高效、优质的耕作效果。

4. 其他辅助部件

辅助部件包括挡泥罩和拖板。

挡泥罩（也称为机罩）制成弧形，安装在刀轴和刀片旋转部件的上方。它的主要作用是挡住刀齿抛起的土块，起到防护和进一步破碎的作用。通过挡泥罩的设计，可以减少土块对周围环境的污染，同时提高耕作的效率和质量。

拖板是旋耕机的重要组成部分，它位于刀轴和刀片旋转部件的下方。拖板的作用是稳定和导向旋耕机，确保其在耕作过程中的稳定性和准确性。同时，拖板还可以减少耕作过程中产生的阻力，提高旋耕机的效率和功率。

这些辅助部件与旋耕机的其他部分协同工作，共同完成土壤的耕作和破碎任务。

三、操作与保养

（一）规范操作

1. 规范起步与行驶

（1）在结合动力前，必须确保旋耕机处于升起状态。这是为了确保机具在起步时不会与地面发生摩擦，避免对机具造成损害。

（2）结合动力后，需要等待旋耕机的转速达到预定转速。这是为了确保机具在运行过程中能够正常工作，并达到良好的翻耕和细碎效果。

（3）起步后，应按照要求匀速行驶。速度不宜过快，以保持对土壤良好的翻耕和细碎品质。同时，匀速行驶也有利于保持农机具的使用寿命。

（4）在行驶过程中，应密切观察旋耕机的运转状态。如果发现机具存在异常声响，应立即停车检查，排除故障后方可继续作业。这是为了确保机具在运行过程中的安全性和稳定性。

（5）作业中，还要注意观察碎土、翻耕及地表状态等参数。如果发现不合乎农艺要求，应适当调整参数后再继续作业。这是为了确保作业质量符合农艺要求，提高作业效率。

2. 规范转弯

（1）当行驶中的旋耕机需要转弯时，首先应停止作业并将旋耕机升起。这是为了确保机具在转弯过程中不会与地面发生摩擦，避免对机具造成损害。

（2）在机具底部离开耕地表面到达安全高度后，方可采用较低的速度进行转弯。这样可以避免在转弯过程中对旋耕刀产生损害，确保机具的正常运行。

（3）在提升旋耕机的过程中，需要注意万向节的运转倾角不可大于30°。这是因为如果倾角过大，在传动过程中会产生较大的冲击，可能导致零件故障或早期损坏。

3. 规范避障与道路转移

（1）旋耕机在行驶过程中遇到较大沟壑、坑洼或障碍物时，应先将旋耕机升起到足够的安全高度。这是为了确保机具在通过沟壑、坑洼或绕过障碍物时不会受到较大颠簸，避免机具损坏。

（2）在升高的过程中，应缓慢地通过沟壑、坑洼或绕过障碍物。这样可以减少机具受到的冲击，确保机具的安全。

（3）在道路转移时，需要将升起的旋耕机可靠固定。这是为了防止在转移过程中旋耕机受到损坏。

（二）科学保养与维护

（1）在每次旋耕作业后，需要进行以下保养内容。

认真检查旋耕刀具是否有破损，关键零件是否有缺失。发现损坏或缺失应及时进行修理和补充，以确保机具的正常运行和安全性。

检查重要传动位置的润滑状态，例如传动箱、万向节和轴承等部位。确保这些部位有足够的润滑油，以保持关键部件的良好运转状态。

检查紧固螺栓、螺钉、定位销、开口销是否有松动和丢失。发现问题应及时进行紧固和补充，以防止机具在运行过程中出现故障或损坏。

通过以上保养措施，可以确保旋耕机在每次作业后都处于良好的工作状态，延长其使用寿命，提高作业效率和质量。

（2）在当年的旋耕作业任务彻底完成后，应对旋耕机进行以下保养后方可安置存放。

认真清洗旋耕机，去除表面沾染的泥土、灰尘、杂草等。这有助于保持机具的清洁和防止腐蚀。

检查并更换破损的刀具和其他零件。及时更换损坏的零件可以确保机具在下一次使用时能够正常工作。

在易生锈的弯刀、花键轴等部位涂抹机油防锈。这样可以防止机具生锈，延长其使用寿命。

将旋耕机拆卸下后，放置于水平地面，并适当垫起，适当遮盖，以免机具老化。正确的存放方式可以保护机具免受外界环境的影响，延长其使用寿命。

第四节 整 地 机 械

耕地后，土垡间存在许多大孔隙，土壤的松碎程度和地面的平整度还不够理想，无法满足播种和栽植的要求。因此，需要进行整地，为作物的发芽和生长创造良好的土壤环境。在干旱地区，使用镇压器压地是抗旱保墙、保证作物丰产的重要农业技术措施之一。此外，有的地区还会应用钉齿耙进行播前、播后和苗期耙地除草。

通过整地和镇压器压地等措施，可以改善土壤的松碎程度和平整度，减少大孔隙，为作物的发芽和生长提供良好的土壤环境。同时，钉齿耙的使用也可以有效地清除杂草，减少杂草对作物生长的竞争，提高作物的产量和质量。

整地和镇压器压地等措施是农业生产中不可或缺的重要环节，对于提高作物的产量和质量具有重要意义。

一、整地的目的

（1）改善土壤结构。通过整地，使作物根层的土壤适度松碎，形成良好的团粒结构。

这有助于作物吸收和保持适量的水分和空气，有利于种子发芽和根系生长。

（2）消灭杂草和虫害。整地可以将杂草覆盖于土中，使蛰居害虫暴露于地面而死亡。这有助于减少杂草和虫害对作物生长的干扰。

（3）混合肥料和农药。通过整地，可以将作物残茬以及肥料、农药等混合在土壤内，以增加其效用。这有助于提高土壤肥力和防治病虫害。

（4）平整地表或做成某种形状。整地可以平整地表或做成某种形状，以利于种植、灌溉、排水或减少土壤侵蚀。这有助于提高作物的生长环境和产量。

（5）压实土壤。对于过于疏松的土壤，整地可以将其压实到疏密度，以保持土壤水分并有利于作物根系发育。

（6）改良土壤。通过将质地不同的土壤彼此易位，例如将含盐碱较重的上层移到下层，或使上中下三层相互之间易位以改良土质。这有助于改善土壤的理化性质，提高作物的生长环境。

二、耕整地作业的农业技术要求

土壤的耕作可以分为传统耕作和保护性耕作两种。传统耕作的主要目的是为种子的发芽和作物生长创造良好的条件，通过耕翻、耙地等措施，改善土壤的松碎程度和平整度，减少大孔隙，为作物的生长提供良好的土壤环境。而保护性耕作则是为了保持土壤水分、防止水土流失、减少能耗和人工而发展起来的一种耕作方法。保护性耕作通过减少耕作次数、使用地表覆盖物等方式，减少土壤侵蚀和水土流失，同时减少能源消耗和人工投入，提高农业生产效率。

（一）耕深

耕深的选择应考虑多种因素，包括土壤类型、作物种类、地区气候、动力条件以及肥源情况等。对于不同的土壤和作物，耕深的要求也会有所不同。例如，对于一些浅根系的作物，耕深可以适当浅一些，而对于一些深根系的作物，耕深则需要适当深一些。

此外，不同的地区和气候条件也会影响耕深的选择。在干旱地区，为了保持土壤水分，耕深可能会浅一些；而在湿润地区，为了防止水土流失，耕深可能会深一些。

在选择耕深时，还需要考虑动力和肥源的因素。如果动力充足，可以选择较深的耕深；如果肥源充足，可以选择较浅的耕深以减少肥料的流失。

（二）覆盖

良好的翻耕覆盖性是犁的主要性能指标之一。在翻耕过程中，要求耕后植被不露头。这样可以减少土壤侵蚀和水土流失，保持土壤的完整性和稳定性。

对于水田旱耕，要求耕后土堡架空透气，便于晒堡。这样可以增加土壤的透气性，有利于作物的生长和土壤肥力的恢复和提高。

（三）碎土

耕后土堡应松碎，田面应平整。这样可以为作物的生长提供良好的土壤环境，有利于种子的发芽和根系生长。同时，平整的田面也有利于灌溉和排水，提高作物的抗旱和抗涝能力。

第五章 播种机械

第一节 播种的农业技术要求及播种机的种类

播种作业是农业生产的关键环节，其质量对苗全、苗壮具有重要影响。采用机械播种方式，不仅可以减轻劳动强度，提高劳动效率，而且能够及时抢种，确保不误农时，从而保证播种质量。此外，机械播种还为后续的机械化田间管理创造了良好的条件，有助于提高农业生产效率。

一、机械播种的农业技术要求

播种的农业技术要求因农作物和地区等因素而异，但一般应满足以下要求。

（1）播种要适时。根据农作物的生长特性和当地的气候条件，选择适宜的播种时间。过早或过晚播种都可能影响种子的发芽和生长。

（2）播量要符合要求，且均匀一致。根据农作物的种类和种植密度，确定适当的播种量。同时，要确保播量均匀一致，避免出现漏播或重播的情况。

（3）播种深度符合要求，深浅一致。根据种子的特性和土壤条件，确定适当的播种深度。播种深度要均匀一致，避免出现深浅不一的情况。

（4）播行要直，行距一致，地头地边要整齐。播种时要保持行直、行距一致，确保地头地边整齐划一。这有助于提高农作物的通风性和光照条件。

（5）不伤种子，不漏播，不重播。在播种过程中要避免损伤种子，确保不漏播、不重播。这有助于提高种子的发芽率和生长质量。

（6）按不同农业技术要求，播种同时可施肥、喷药或施洒除草剂等作业。在播种过程中，可以根据农作物的生长需求和当地的病虫害情况，同时进行施肥、喷药或施洒除草剂等作业。这有助于提高农作物的抗病性和抗虫性，促进其健康生长。

二、播种机械的种类

播种机的种类繁多，可以根据不同的分类标准进行分类。以下是按照不同分类标准对播种机进行的详细分类。

（一）按播种方式

（1）撒播机：撒播机主要用于将种子均匀撒播在田地表面。这种播种机通常配备有较大的种子箱，以容纳大量的种子，并通过特殊设计的播种机构将种子均匀地撒在田地上。撒播机适用于大面积的播种作业，如农田、草原和森林区域的种子散播。

（2）条播机：条播机能够将种子按照一定的行距进行播种。这种播种机通常配备有播种器,将种子按照预设的行距和深度播种在田地中。条播机适用于需要精确控制行距和播种深度的作物,如谷物、豆类和蔬菜等。

(3)点播机:点播机能够将种子按照一定的间距进行播种。与条播机不同,点播机通常使用较小的播种器,将种子逐个播种在田地中。点播机适用于需要精确控制种子间距和位置的作物,如花卉、草坪和某些蔬菜等。

(4)精密播种机:精密播种机是一种能够实现精确播种的设备,适用于对种子数量和位置要求较高的播种作业。这种播种机通常配备有先进的传感器和控制系统,能够精确控制播种的深度、间距和数量,以满足不同作物的生长需求。精密播种机广泛应用于科研、农业试验和高质量农业生产中。

(二)按综合利用程度

(1)专用播种机:专用播种机是专门设计用于播种特定作物的设备。它们通常具有针对特定作物种子的播种机构和功能,以确保种子的精确播种和生长。例如,棉花播种机专门用于播种棉花种子,甜菜播种机专门用于播种甜菜种子,而牧草播种机则专门用于播种牧草种子。这些专用播种机通常具有特定的播种深度、间距和种子处理方式,以满足不同作物的生长需求。

(2)通用播种机:通用播种机是一种能够播种多种作物种子的设备。它们通常配备有可更换的播种部件,以适应不同种子的播种需求。例如,谷物播种机可以用于播种小麦、玉米、大豆等谷物作物,而中耕作物播种机则可以用于播种蔬菜、花卉等中耕作物。通用播种机具有较高的灵活性和适应性,能够满足不同农作物的播种需求。

(3)通用机架播种机:通用机架播种机是在同一个机架上,只需要更换相应的部件,即可进行播种、中耕和起垄等多种作业的设备。这种播种机通常具有一个通用的机架结构,可以根据不同的作业需求更换不同的工作部件。例如,可以将播种部件更换为中耕部件或起垄部件,从而实现不同的作业功能。通用机架播种机具有较高的灵活性和多功能性,能够满足不同农作物的种植需求。

(三)按排种原理

(1)机械式:机械式播种机通过机械机构驱动排种器进行排种。这种播种机通常使用齿轮、链条或皮带等传动机构,将动力传递给排种器,使其按照设定的播种模式进行排种。机械式播种机具有结构简单、操作方便、价格实惠等优点,因此在农业生产中应用较广。

(2)气吸式:气吸式播种机利用负压吸种原理进行排种。这种播种机通过空气压缩机产生负压,将种子吸附在吸种器上,然后通过排种器将种子按照设定的播种模式播入田地中。气吸式播种机适用于轻质、小粒种子的播种,如蔬菜、花卉等。

(3)离心式:离心式播种机利用离心力的原理进行排种。这种播种机通过旋转的圆盘产生离心力,将种子从圆盘边缘甩出,然后通过排种器将种子按照设定的播种模式播入田地中。离心式播种机适用于重质、大粒种子的播种,如玉米、大豆等。

(四) 按动力及连接方式

(1) 畜力播种机:畜力播种机是以畜力为动力源的播种机。这种播种机通常配备有牲畜(如马、牛等)作为动力来源,通过牲畜的行走或拉拽来驱动播种机的作业。畜力播种机具有结构简单、价格低廉等优点,适用于小型农场或偏远地区的播种作业。

(2) 机引播种机:机引播种机是以拖拉机为动力源的播种机。这种播种机通过与拖拉机连接,利用拖拉机的动力驱动播种机的作业。根据挂接形式的不同,机引播种机可以分为牵引式、半悬挂式和悬挂式三种。其中,悬挂式机引播种机应用较广,它能够灵活适应不同的作业环境和地形,具有较高的作业效率和稳定性。

第二节 播种机的使用

播种机的正确使用对于充分发挥其性能、减少故障、延长使用寿命以及确保作业质量至关重要。因此,必须重视播种机的正确使用方式,以避免出现问题,保证农作物的正常种植和生长。

一、播量的确定和调整

播量是根据土壤状况、作物品种和种植密度等因素确定的。如果播量不符合要求,会带来很多问题。例如,播量过大不仅浪费种子,还会影响幼苗的生长,增加间苗的工作量。而播量过小则可能导致缺苗断条,直接影响产量。因此,需要根据当地实际情况合理确定和调整播种量,以确保农作物的正常生长和产量。

(一) 播量的确定

1. 米间粒数和株距的计算
条播时的米间粒数计算公式为:

$$m = \frac{M}{\pi DN(1 + \varepsilon)} \tag{5-1}$$

穴播时株距的计算公式为:

$$s = \frac{\pi D}{Zi(1 - \varepsilon)} \tag{5-2}$$

式中　m ——每米排种粒数;

　　　M ——一个排种器排出的种子粒数;

　　　D ——地轮直径,m;

　　　N ——地轮转动圈数;

　　　ε ——地轮滑移系数,一般取 5%~9%;

　　　Z ——排种轮型孔数;

　　　i ——传动速比,$i = \dfrac{n_{排}}{n_{地}}$。

2. 播量的计算

条播时，首先确定每米应播的种子粒数，然后将确定的数据代入式（5-3），可得公顷播量

$$Q = \frac{m\delta}{100b} \tag{5-3}$$

穴播时，首先确定株距、每穴粒数，然后将确定的数据代入式（5-4），可得穴播时的公顷播量

$$Q = \frac{m_1\delta}{100bs} \tag{5-4}$$

式中　Q——每公顷播量，kg；

δ——种子千粒重，g（各种作物种子千粒重见表5-1）；

b——行距，m；

s——株距，m；

m——每米间粒数；

m_1——每穴种子粒数。

表 5-1　各种作物种子千粒重

品种	千粒重/g	每千克粒数/粒
谷子	2.5~3.0	334000~400000
高粱	25~35	28000~40000
玉米	320~450	2200~3200
大豆	150~200	5000~6600
花生	600~900	1100~1660
棉花	100~120	8400~10000

（二）播量的调整

1. 条播量的调整

首先，将播种机架支起并调平，确保地轮完全离开地面。其次，选择适当的传动比和槽轮工作长度。再次，装上种子，并转动地轮，使排种器充满种子。清除排出的种子后，装上接种袋。最后，检查并调整各排种器的排种均匀性和播种机的总播量。

（1）各排种器的排种均匀性调整。为了确保每个排种器的排种量均匀，采取以下步骤进行调整：

1）以接近播种机作业速度转动地轮 10~20 圈；

2）称量每个排种器的实际排种量，称量精度为 0.5 g；

3）计算出每个排种器排种量的平均值；

4）比较各排种器实际排量与平均值的偏差；

5）确保各排种器的实际排量与平均值的偏差不超过 2%~3%；

6）如果超过要求，应对单个槽轮的工作长度进行调整。

（2）总播量的调整。首先按要求的公顷播量，计算出播种机地轮转动一定圈数应该排出的播种量 $G(\text{g})$。

$$G = 0.1\pi D(1 + \varepsilon)bNQ \tag{5-5}$$

式中　D——地轮直径，m；

　　　b——行距，m；

　　　N——地轮转动的圈数；

　　　ε——地轮滑移系数一般为 5%~9%；

　　　Q——农技要求的公顷量，kg。

然后以接近作业速度的转速，均匀转动地轮 20 圈，称量接种袋承接的种子质量与计算要求的播量 G 比较，其偏差不得超过 2%。如偏差过大应重新调试，直到符合要求。

（3）田间试播和校正。由于上述调试与田间实际作业时的条件不完全相符，所以调试后还应进行田间试播，对播量进行复核和校正，方法如下：

确定试播地段的长度 L，计算出在该长度范围内要求的公顷播量应播的种子量 $q(\text{kg})$

$$q = \frac{QBL}{10000} \tag{5-6}$$

式中　Q——要求的公顷播量，kg；

　　　B——播种机工作幅宽，m；

　　　L——选定的试播地段长度，m。

在种箱内装入一定的种子，将表面刮平，并在种箱侧壁上做出标记，再加入质量等于应播量 q 的种子，刮平后进行试播。播完选定地段后停机，再刮平种箱内种子，检查种子表面的位置，若与标记不符，应对播量进行校正，然后再次试验，直到相符。

2. 穴播量的调整

穴播的播量与穴距、每穴的种子粒数、排种装置的传动比有关。当传动比一定时，应根据每穴种子粒数，选择排种盘型孔的大小；然后根据要求的穴距，计算出排种盘的型孔数 Z。当型孔数一定时，则可计算出要求的传动比 i。

$$Z = \frac{ND}{si(1-\varepsilon)} \tag{5-7}$$

或

$$i = \frac{\pi D}{sZ(1-\varepsilon)} \tag{5-8}$$

式中　Z——排种盘型孔数；

　　　D——地轮直径，m；

　　　s——要求的穴距，m；

　　　i——传动比，$i = \dfrac{n_{排}}{n_{地}}$；

　　　ε——地轮滑移系数。

调好后应在地面上试播，观察穴距和每穴粒数，如不符合要求应重新调试，直到符合要求。

二、开沟器的安装调整

（一）开沟器概述

开沟器的功用是开出种沟和导种入土，并有一定的覆土作用。开沟器的工作对播种质量和种子发芽有很大的影响。为了满足这些要求，对开沟器有以下要求：

（1）开沟深度和宽度符合规定要求，深度可以调整；

（2）工作时不乱土层，将种子导至湿土之上，并以湿土覆盖种子；

（3）入土性能好，不易缠草和堵塞，工作阻力小。

根据其运动形式，开沟器可分为滚动式和移动式两类。滚动式常用的有双圆盘式和单圆盘式两种；移动式常用的有锄铲式、芯铧式和滑刀式等。

（二）开沟器的安装调整

根据要求行距和播种机横梁的有效长度，计算出横梁上可安装开沟器的数目 n。

$$n = \frac{L - b_1}{b} + 1 \tag{5-9}$$

式中　L——开沟器梁长度，m；

　　　b_1——开沟器拉杆安装宽度，cm；

　　　b——要求的行距，cm。

找出播种机的中心线，在开沟器梁和升降方轴上作出记号，然后按要求的行距自中心向两侧对称地依次安装开沟器。如 n 为奇数，则在中心线上安装第一个开沟器，如 n 为偶数，则在中心线两侧半个行距处，各安装一个开沟器，然后按行距依次安装。窄行播种机开沟器分前后列，应交替安装。

对中耕作物播种机，安装开沟器后的实际工作幅宽应与中耕机的工作幅宽相等，或为中耕机幅宽的整数倍，以保证中耕时对行作业，避免伤苗。

三、划印器臂长的计算和调整

划印器的功用是播种时在未播地上划出一条浅沟，用来指示下一行程拖拉机的行走位置，以保证邻接行距的正确。采用梭形播法时需交替使用左、右划印器划印。

拖拉机正位驾驶时，驾驶目标在拖拉机中央，左右划印器的臂长相等，即

$$L_{左} = L_{右} \tag{5-10}$$

拖拉机偏位驾驶时，驾驶目标在拖拉机的右侧前轮胎或链轨中心线上，左右划印器臂长不等。

$$L_{左} = B + \frac{C}{2} \tag{5-11}$$

$$L_{右} = B - \frac{C}{2} \tag{5-12}$$

式中　$L_{左}$——左划印器臂长；

　　　$L_{右}$——右划印器臂长；

　　　B——播种机的工作幅宽（行数×行距）；

　　　C——拖拉机前轮距或链轨距。

按计算臂长调整的划印器必须进行田间校正。另外，用田间试验的方法来确定划印器臂长也是一种简便可行的方法，如图 5-1 所示。

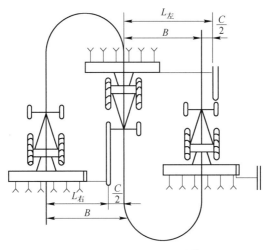

图 5-1 划印器臂长的计算

四、田间播种

(一）播前检查及试播

在正式进行播种作业之前，必须进行全面的检查和试播。以下是检查的主要内容。

（1）检查各部连接件是否紧固：确保播种机的各个部件连接紧密，没有松动或脱落的情况。

（2）检查各部传动件转动是否灵活：通过手动摇动地轮，检查排种轮和橡胶刮种轮是否能够正常转动，以及排种轮和橡胶刮种轮之间的间隙是否合适。

（3）检查排种轮与防漏舌之间的间隙：确保排种轮与防漏舌之间的间隙既不会产生摩擦，也不会漏种。

在完成以上检查后，如果没有发现问题，可以进行试播。试播时，需要将开沟器、镇压轮和覆土器抬起，使种子播在未开沟的松软的平地上，以便观察排种性能。如果排种质量符合要求，再调整开沟、覆土、镇压等部件的工作性能，使各行开沟、覆土一致，镇压力合适。

在作业过程中，如果整台播种机开沟器入土角不合适，需要调节拖拉机悬挂机构上拉杆的长度，使主梁处于水平位置，从而改变整台播种机开沟器的入土角。如果个别开沟器入土角不合适，需要调节四杆机构上的调节螺杆。

只有当试播质量符合农业技术要求，机具技术状态正常时，才可以进行播种作业。

(二）播种作业的注意事项

1. 种子准备
（1）种子应经过清选，以确保种子的纯净度和质量。
（2）种子应经过药剂处理，以预防病虫害。
（3）种子应进行发芽率试验，以确保种子的发芽率，从而保证苗全、苗壮。

2. 播种时的检查与操作

（1）在播种过程中，要经常检查排种器、传动机构、划印器及开沟、覆土、镇压的工作情况，确保其正常工作。

（2）要经常清除驱动轮、开沟器、仿形轮、划印器部件的泥土和杂草，以防止其影响工作效果。

3. 播种作业中的操作规范

（1）播种作业中不要倒车，以确保播种的均匀性和一致性。

（2）播种机应在前进中下落，以确保播种的准确性和效率。

（3）要经常检查播种机组在主梁上有无窜动，如有窜动应及时调整并紧固，以确保播种机的稳定性和安全性。

（4）应经常检查邻接行距的大小，如有改变，应及时调整划印器臂长，以确保播种的行距符合要求。

4. 播完一种作物后的清理工作

（1）播完一种作物后，要认真清理种子箱、排种器等，防止种子混杂，以保证下一轮播种的质量。

（2）气吸播种机的特别注意事项：

1）气吸播种机作业时，要选择好作业速度，避免过快或过慢影响播种效果。

2）在播种进程中应尽量避免停车，以减少漏播的可能性。

3）因故停车时，应将播种机升起，后退一定距离，将发动机提高到工作转速后再前进播种，以免漏播。

4）气吸管不应折曲或与机体摩擦，接头要紧固不得漏气，以确保气吸播种机的正常工作。

（三）保养与保管

1. 保养

每班保养与拖拉机班次保养同时进行，主要有以下工作。

（1）清除开沟器、覆土器、镇压轮、行走轮、划印器等附着的泥土：这些部件在作业过程中容易附着泥土，因此需要定期清除，以保持其正常工作。

（2）检查开沟器的行距是否符合规定：开沟器的行距是影响播种质量的重要因素，因此需要定期检查其行距是否符合规定，如有需要，应及时调整。

（3）检查传动机构的技术状态：传动机构是播种机的重要部分，其技术状态直接影响到播种机的正常工作。因此，需要定期检查其齿轮的啮合情况或链条的松紧度，确保其正常运转。

（4）检查各部螺丝是否紧固，松动时应拧紧：螺丝的紧固情况直接影响到播种机的稳定性和安全性。因此，需要定期检查各部螺丝的紧固情况，如有松动应及时拧紧。

（5）检查排种轮转动是否灵活，有无嗑种现象：排种轮的转动情况直接影响到播种的质量。因此，需要定期检查其转动是否灵活，有无嗑种现象，如有需要，应及时调整或更换。

（6）按使用说明书规定向各润滑点注油：润滑是保证播种机正常运转的重要因素。

因此，需要按照使用说明书的规定，定期向各润滑点注油，以保证其正常运转。

2. 保管

（1）清除各部泥污，排尽种子箱内的种子。种子箱箱盖必须盖严：在播种机使用后，需要清除各部泥污，以保持其清洁和正常工作。同时，需要排尽种子箱内的种子，并确保种子箱箱盖盖严，以防止种子受潮或被污染。

（2）开沟器涂油后，安装在播种机上，用木头垫起：为了防止开沟器生锈或损坏，需要对其进行涂油处理。涂油后，将开沟器安装在播种机上，并用木头垫起，以保持其稳定和防止变形。

（3）清洗各润滑部位和传动装置上的油污，并注油润滑。传动齿轮应拆下清洗、涂油，安装好齿轮室盖。传动链条清洗晾干后，涂上润滑油，入库保管：在保管前，需要清洗各润滑部位和传动装置上的油污，并注油润滑，以确保其正常运转。对于传动齿轮，需要拆下清洗、涂油，并安装好齿轮室盖。对于传动链条，需要清洗晾干后，涂上润滑油，然后入库保管。

（4）单体播种机的每个单体应入库保管：对于单体播种机，每个单体都需要入库保管，以防止其受到损坏或丢失。

（5）容易生锈处应涂油，掉漆处应补漆。行走轮须垫起：对于容易生锈的部位，需要涂油防锈。对于掉漆的部位，需要补漆保护。行走轮需要垫起，以防止其变形或损坏。

（四）播种作业方法

播种作业一般采用梭形播法。在作业前，需要在第一行程上插好标杆，机组对着所插的标杆行走一趟。这样，拖拉机的右前轮（右履带内缘）会沿着划印器所划的印迹行走。

这种播种作业方法有助于确保播种的行距和深度一致，提高播种的均匀性和效率。同时，通过插好标杆和沿着划印器所划的印迹行走，可以避免重复播种或漏播的情况，保证播种的质量和效果。

需要注意的是，在播种作业过程中，还需要注意观察播种机的运行情况，及时调整和排除故障，确保播种机的正常工作和播种的质量。同时，在播种前还需要对田地进行平整和施肥等准备工作，为播种提供良好的土壤条件。

第三节 水稻插秧机

一、稻插秧的农业技术要求及插秧机的种类

水稻插秧是我国传统的优良栽培技术，但存在用工量大、季节性强、劳动条件差和效率低下等问题。因此，实现插秧机械化是提高劳动生产率、减轻劳动强度、解决水旱地争工、发展水稻生产的重要途径。目前，水稻插秧机械化主要有两种方式。一种是大田育秧，通过拔秧机拔秧，再由插秧机进行插秧；另一种方式是盘育秧，通过机插带土盘苗，省去了拔秧工序。近年来，后一种方式在我国得到了广泛推广，并取得了显著的效果。

（一）机械插秧的农业技术要求

我国各地的自然条件、栽培制度和作物品种存在较大差异，因此机械插秧的农业技术

要求也应因地制宜。以下是机械插秧的一般要求。

（1）株行距符合当地要求，株距应可调节：插秧机应能够根据当地的栽培制度，调整株行距，以适应不同地区的种植需求。

（2）每穴有一定的株数，并能在一定范围内调节：插秧机应能够控制每穴的株数，并在一定范围内进行调节，以满足不同作物的生长需求。

（3）插秧深度适宜，并在一定范围内调节：插秧机的插秧深度应适宜，并根据当地的气候条件和土壤状况进行调节，以确保作物正常生长。

（4）插直、插稳，均匀一致，漏插秧率低于2%，钩伤秧率低于1.5%：插秧机应能够确保秧苗插得直、插得稳，且均匀一致。同时，要控制漏插秧率和钩伤秧率在较低水平，以提高作物的生长质量和产量。

（5）机插要求较高的秧田质量，秧田应泥烂田平，耕深适当，软硬适宜：为了确保机械插秧的效果，对秧田的质量要求较高。秧田应泥烂、田平、耕深适当、软硬适宜，以保证插秧机的正常工作和作物的生长。

（6）机插宜用比较整齐的适龄壮秧：为了提高机械插秧的效果，宜使用比较整齐的适龄壮秧。大苗苗高20~30 cm，6~7个叶片，根短而不纠结。盘育秧苗高10~20 cm，4~5个叶片，均匀整齐，有一定密度。这样的秧苗生长旺盛、抗逆性强，有利于提高作物的产量和质量。

（二）插秧机的分类

水稻插秧机的种类和形式确实很多，一般可以按照以下方式进行分类。

1. 按动力分类

（1）人力插秧机：以人力为动力，通过人工操作实现插秧作业。这类插秧机通常比较轻便，便于人工搬运和操作，适合小规模种植或特殊需求的情况。

（2）机动插秧机：以电动机或汽油机为动力，通过驱动机构实现插秧作业。这类插秧机具有较高的效率和灵活性，适用于大规模种植或需要提高生产效率的情况。

2. 按用途分类

（1）大苗插秧机：适用于大苗的插秧作业，通常具有较大的株距和较深的插秧深度。这类插秧机适用于生长周期较长、需要较大生长空间的作物。

（2）小苗插秧机：适用于小苗的插秧作业，通常具有较小的株距和较浅的插秧深度。这类插秧机适用于生长周期较短、对生长空间要求不高的作物。

（3）大小苗两用机：适用于大苗和小苗的插秧作业，具有较大的灵活性和适应性，可以根据不同的作物和生长需求进行调节。

3. 按分插原理分类

（1）横分往复直插式：通过横向分苗机构将秧苗分成若干组，然后通过往复直插机构将每组秧苗插入田中。这类插秧机具有较高的插秧速度和均匀性，适用于大面积、高效率的插秧作业。原设计只插大苗，附加小苗附件后也可插带土小苗。

（2）纵分直插式（往复直插式）：通过纵向分苗机构将秧苗分成若干组，然后通过往复直插机构将每组秧苗插入田中。这类插秧机具有较小的株距和较浅的插秧深度，适用栽插小苗。

（3）纵分滚动直插式：通过滚动式分插机构将秧苗插入田中，具有结构简单、易于维护等优点。这类插秧机适用于栽插大苗。

二、插秧机的使用

在正式使用插秧机进行插秧之前，机组人员必须经过专门的培训，并认真阅读《安全使用插秧机须知》。他们需要充分了解插秧机的性能和调整使用方法，熟悉驾驶和装秧技术。在正式插秧前，必须进行试插，确认符合农艺要求后，方可投入正式插秧工作。

（一）启动发动机

在启动发动机时，需要按照以下顺序进行：
（1）检查柴油机的柴油及机油是否充足；
（2）打开油路开关，开启油门；
（3）检查总离合器是否在分离位置，变速杆是否在空挡位置；
（4）减压、启动发动机。

（二）行走

在路面行走时，需要按照以下先后顺序进行：
（1）观察前后、左右是否安全，检查栽植臂是否升起；
（2）根据路面情况选择挡位，慢慢加油并接合总离合器；
（3）严禁不停车换挡，齿轮不对牙时不要强行挂挡；
（4）路面不好不允许使用高速挡，特别注意不要碰坏秧门；
（5）过水渠或超过 500 mm 的大田时应搭上木板，不许强行通过；
（6）到达作业地点后，选择好进地路线，拆下尾轮，换上叶轮用慢挡进地。

（三）装秧和补充装秧

装秧和补充装秧要按下列操作方法进行。
（1）在使用盘育秧苗时，需要轻轻提起秧片的一头，然后将其插入运秧板中取出。在这个过程中，要特别注意不要弄碎秧片或折断秧苗。当空秧箱需要装秧时，应将秧箱移到一侧，并在分离针进行一次空取秧后加入秧片。
（2）秧片应该紧贴在秧箱底面上，避免在秧门处拱起。同时，压秧杆应与秧片保持 5~6 mm 的间隙，以确保秧片的稳定性和插秧的准确性。
（3）当秧箱里的秧苗露出送秧轮之前，需要及时续秧，否则插秧量会明显减少。在加秧时，秧片接头处要对齐，避免留下空隙。在装、加秧片时，要让秧片自由滑下，必要时可适当在秧箱与秧片间注水。避免用手推压秧片，以免导致秧片变形，影响插秧的均匀度。
（4）一片 580 mm×280 mm 的标准秧片，一般都能插到 50 m 以上的距离，所以装秧手的动作要从容，不要紧张。一个秧片装不下时，不要随意撕断秧片，而应把装不进秧箱的部分卷起放在秧箱上（不要折叠），在秧片自由下滑有了空位置后再铺开。
（5）当需要休息或长时间停止插秧时，应将秧箱内剩余的秧苗取出。同时，需要清洗秧箱和秧门，清除送秧轮上缠绕的秧苗根。此外，还需要检查取秧量是否一致，以确保下一次插秧的准确性。

（6）在插秧工作中，必须遵守以下安全规则。

1）在插秧过程中，严禁触碰各旋转部分，以防止意外伤害。

2）严禁在插秧机不停机的情况下清理秧门，以免损坏机器或造成意外伤害。

3）如果遇到有杂物卡住分离针的情况，应立即停机取出杂物并清除没有插下的剩秧。在清除杂物和剩秧后，再进行插秧操作。

（7）田间驾驶方法。下水田前要考虑行走路线和转移地块的进出路线，尽量减少人工补苗面积。2ZT-9356 型水稻插秧机插秧行走和进出地路线如图 5-2 所示。2ZT-7358 型水稻插秧机则只要将图 5-2 中的 1.8 m 改为 1.9 m 即可。

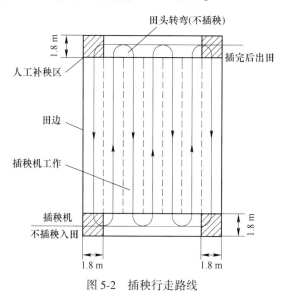

图 5-2　插秧行走路线

插秧机开行时，靠田边应留出一幅插秧机的作业宽度 1.8 m（或 1.9 m），要求插秧机开行开得直，邻接行间距一致。插秧作业时，应将船板挂链放松，以保证插秧深浅一致，严禁高吊船板作业。

为了使地头插得整齐，需要在两头各留下一幅插秧机的作业宽度，即 1.8 m（或 1.9 m）。在转弯时，需要先分离定位分离手柄，然后再分离主变速手柄。如果不先分离主变速手柄，可能会导致万向节的损坏。

当插到最后第二行程时，如果所剩的秧田不足插秧机一个作业宽度，需要预先取出靠外边一个或几个秧箱内的秧苗（或用挡秧杆），使插秧机相应少插一行或几行秧苗。这样可以使最后留下一整幅作业宽度的未插秧田，以便最后进行圈边插秧作业。

在圈边时，要注意行走路线，并注意不要让秧门被田埂碰坏。如果插秧机陷入泥中，要抬起船板，不允许抬工作传动部件。必要时，可以在地轮前加一根木杠，使插秧机机头自行爬出。

一天作业结束后，要清洗机器表面并进行保养。最后用塑料布将发动机盖好，以防止灰尘和杂物进入。

三、插秧机的维护保养

（一）每班技术保养

1. 检查发动机机油油尺

首先，要检查发动机机油油尺，确认机油是否充足。如果发现缺油，应立即添加机油，以确保发动机的正常运转。

2. 清洗插秧机各部泥污

使用适当的清洁剂和工具，对插秧机的各部分进行清洗。特别注意清除泥污和杂物，以保持机器的清洁和正常工作。

3. 检查并向栽植臂注润滑油

检查栽植臂的润滑情况，如果发现润滑不足，应向栽植臂注入适量的润滑油。这有助于减少摩擦和磨损，确保栽植臂的顺畅运转。

4. 检查各部螺栓，特别是栽植臂夹紧螺栓

对插秧机的各部分螺栓进行检查，确保它们紧固无松动。特别是栽植臂夹紧螺栓，要特别注意其紧固情况，以防止栽植臂松动或脱落。

5. 检查取秧量

检查取秧量的设置是否正确。如果发现取秧量不准确，应及时调整，以确保插秧的均匀性和产量。

（二）作业技术保养

1. 检查链轮箱、移箱器的油面

首先，要检查链轮箱和移箱器的油面，确保油面在正常范围内。如果油面过低，应及时向箱内加注机油，以确保机器的正常运转。

2. 检查各部是否漏油，并紧固螺栓

对插秧机的各部分进行仔细检查，查看是否有漏油现象。如果有漏油，应及时采取措施进行修复。同时，要紧固各部分的螺栓，确保连接牢固，防止松动。

3. 检查分离针与推秧器间隙，必要时校正或更换分离针

分离针和推秧器是插秧机的重要部件，它们之间的间隙必须保持适当。检查时，要观察分离针与推秧器的间隙是否在正常范围内。如果发现间隙过大或过小，应及时校正或更换分离针，以确保插秧的准确性和效率。

4. 检查栽植臂内是否渗入泥水，如发现进泥，必须清洗并更换推秧器油封

栽植臂是插秧机的重要部件之一，它负责将秧苗插入田中。检查时，要观察栽植臂内是否有泥水渗入。如果发现有泥水渗入，应及时清洗并更换推秧器油封，以防止泥水对机器造成损害。

（三）作业结束的保养和保管

按柴油机说明书有关封存的要求保养发动机：按照柴油机说明书的要求，对发动机进行保养。这可能包括更换机油、清洗空气滤清器、检查燃油系统等。确保发动机在封存前

处于良好的工作状态。

卸下入库：将插秧机从工作位置卸下，并将其入库保存。确保插秧机在入库前清洁干净，没有杂物和泥土。

拆下秧箱，彻底清洗插秧机各部分：将秧箱从插秧机上拆卸下来，并对插秧机各部分进行彻底清洗。这包括清洗机身、秧门、秧箱等部件，确保没有残留的泥土和杂物。

停机1~2天后，检查各部分有无进水，放出沉淀油，并加注润滑油：在停机1~2天后，检查插秧机各部分是否有进水现象。如果有进水，需要及时清理并放出沉淀油。然后，向各润滑部位加注适量的润滑油，以确保部件的润滑。

各部润滑部位充分注油：对插秧机的各润滑部位进行充分注油，以确保部件的正常运转。

紧固各部螺栓并在螺栓上涂油防锈：对插秧机的各部螺栓进行紧固，并在螺栓上涂抹防锈油，以防止螺栓生锈和松动。

在定位分离钢丝或软线间滴油防锈：在定位分离钢丝或软线间滴入适量的防锈油，以防止钢丝或软线生锈。

为防止栽植臂推秧弹簧疲劳，栽植臂应处于推出状态：为防止栽植臂推秧弹簧疲劳，应将栽植臂处于推出状态。这样可以避免弹簧长时间处于压缩状态，减少疲劳和损坏的风险。

定位分离手柄放在分离位置：将定位分离手柄放在分离位置，以确保在需要时可以快速准确地调整插秧机的作业参数。

插秧机不要露天停放，最好停放在室内：为防止插秧机受到天气和环境的影响，最好将其停放在室内。如果无法停放在室内，应确保插秧机得到适当的保护措施，如盖上防水布等。

插秧机不要与化肥等腐蚀性物质存放在一起，不允许在插秧机上堆放重物：为防止插秧机受到腐蚀性物质的损害，不要将其与化肥等腐蚀性物质存放在一起。同时，不允许在插秧机上堆放重物，以免对机器造成压力和损坏。

第六章　温室大棚机械

第一节　电动卷帘机

电动卷帘机分为固定式和可动式两种。固定式卷帘机被固定在大棚后墙的砖垛上，利用机械动力卷起草帘子，并利用大棚的坡度和草帘子的重量使其自然滚落。这种卷帘机的造价较高，并且要求大棚具有一定的坡度，如果坡度太平，草帘子无法顺利滚落。

可动式电动卷帘机是使用最广泛的类型，它由立支架、卷轴和主机三部分组成。这种卷帘机没有砖垛，安装简单，采用机械手原理，可以上下自由卷放草帘子，不受大棚坡度大小的限制。

在使用卷帘机的温室中，棚面需要保持平整，梁架需要与温室前沿线垂直，整体结构需要坚实，梁架必须有足够的承载能力。在安装时，草帘上端必须牢固固定，草帘下端与卷轴固定时绑法应一致，绕在轴上的草帘量要统一。此外，主机与上下臂及卷帘轴连接的高强度螺栓严禁使用普通螺栓代替。

一、电动卷帘机使用操作规程和注意事项

在卷帘之前，必须将压在草帘上的物品移开，雪后应将草帘上的积雪清扫干净。如果雨雪后草帘湿透，应先卷直一部分，待草帘适当晾晒后再全部卷起。

在卷放过程中，传动轴和主机上、传动轴下的温室面上和支撑架下严禁有人，以防意外事故发生。

当覆盖材料卷起后，如果卷帘轴出现弯曲，应将卷帘机放下，并用废草帘加厚滞后部位，直至调直。如果出现斜卷现象或卷放不均匀，应及时调整草帘和底绳的松紧度及铺设方向。

在使用过程中，要随时监控卷帘机的运行情况，如有异常声音或现象要及时停机检查并排除，防止机器带病工作。

切忌接通电源后离开，造成卷帘机卷到位后还继续工作，从而使卷帘机及整体卷轴因过度卷放而滚落棚后或反卷，造成毁坏损失。

由于温室湿度较大，容易漏电、连电，电动卷帘机必须设置断电闸刀和换向开关。操作完毕须用断电闸刀将电源切断，以防止换向开关出现异常变动或故障而非正常运转造成损失。

二、电动卷帘机的保养与维修

在使用卷帘机的过程中，进行维修和保养是非常重要的，需要注意安全。为了确保安全，必须在卷帘机放至下限位置时进行维修和保养。同时，在维修过程中，必须先切断电

源，以防止误送电导致卷帘轴滚落伤人。

在使用过程中，需要定期检查各部位连接是否可靠。在检查时，应特别注意主机与上臂及卷帘轴的连接可靠性，各部位连接螺栓每半个月应检查紧固一次。

为了保持卷帘机的正常运行，需要经常检查和补充润滑油。主机润滑油每年更换一次。

当机器使用完毕后，可以将卷帘机卷至上限位置，用塑料薄膜封存。如果需要拆下存放，需要擦拭干净，放在干燥处。卷帘轴与上下臂在库外存放时，要将其垫离地面 0.2 m 以上，并用防水物盖好，以免锈蚀。并应防止弯曲变形，必要时应重新涂防锈漆。

每年使用前，需要对卷帘机进行一次全面的检修和保养。检修的主要内容包括主机技术状态、卷帘轴与上下臂有无损伤和弯曲变形、上下臂链条轴的磨损程度、卷帘轴及上下臂与主机的连接可靠性等。如果发现问题，应及时进行校正、加固、维修。

第二节　大棚耕作机

一、大棚耕作机的使用注意事项

（1）渡过水沟、田埂时，使用踏板。在进入水田、渡过水沟或通过柔软的场所时，必须使用踏板，并确保以最低速度移动。确保踏板的宽度、强度、长度与机器相匹配。在踏板上工作时，禁止操作转向把手、主离合器手柄和主变速操纵杆，否则可能导致滑倒或歪倒，从而引发事故。

（2）禁止急前进、急停止、急转弯和超速加速。在操作机器时，应避免急前进、急停止、急转弯和超速加速。慢慢启动和停止机器，转弯时要将速度降到最慢。在下坡或凹凸不平的场所，尽量降低速度，以防止对机械造成损坏和发生事故。

（3）行驶时注意路肩。在有水沟的道路或两边倾斜的农机道路上行驶时，要特别注意路肩。如果不注意路肩，可能会发生掉落的事故。

（4）移动时不能旋转旋耕机，不要开动作业机。在使用旋耕机进行作业时，如果主机需要移动，不能旋转旋耕机，否则旋耕刀可能会卷入机器内，导致受伤事故。

（5）凹凸柔软地或横断沟的道路要低速运转。在凹凸不平或横断沟多发的道路上行驶时，要保持低速移动。否则，可能会发生歪倒、掉落事故。

（6）禁止眼睛看别处或放手运转。在作业过程中，必须保持高度集中注意力，禁止眼睛看别处或放手运转。否则，可能会发生伤害事故。

（7）发动机运转中未停机，手脚不能伸入旋耕机（作业机）下。在发动机运转且未停机的情况下，严禁将脚或手伸入旋耕机或作业机底下。这样做可能会发生人身伤害事故，因此必须避免这种行为。

（8）室内作业要十分注意换气工作。在大棚内进行作业时，一定要注意排气和换气工作。特别是在冬季，由于废气对人体有害，因此应充分重视排气和换气问题。

（9）禁止站在旋耕机后进行后退作业。由于旋耕机的刀爪在操作者的前面旋转，进行后退作业时，人有可能被夹在障碍物和管理机之间，发生人被旋耕机卷入的受伤事故。因此，进行后退作业是禁止的。

（10）人或动物请勿靠近。在作业过程中，请勿让任何人或动物靠近。特别需要提醒的是，小孩子必须远离作业区域，否则可能会发生不可预料的伤害事故。

（11）注意猛进突发事情发生。当使用旋耕机或半轴进行作业时，需要特别注意突然的猛进（或突进）动作。如果旋耕机碰到坚固的地面或石头，可能会跳起。这种情况如果碰到河沟、悬崖或人，可能会引发人身事故或掉落。

（12）后退时，旋耕机停止旋转。在后退时，必须确保旋耕机停止旋转。否则，旋转的刀爪可能会卷入其中，导致人身伤害事故。

（13）发动机起动时，确认周围情况。在发动机起动时，需要认真确认操纵杆的位置和周围的状况，以确保安全。

（14）清除泥土、刀爪上杂草时，停止发动机。如果需要清除机器上的泥土和刀爪上的杂草，应先停止发动机。否则，可能会引发伤害事故。

（15）倾斜地作业，禁用转向手把。在倾斜地进行作业时，为了防止机器歪倒，需要扩大轮距。方向转换时，不能使用转向把手，而应使用扶手把进行操作。否则，可能会导致歪倒及伤害事故。

（16）扶手把转向相反方向时，需切换左右转向把手。本机器配备了转向变换装置。当扶手把转向相反的位置时，必须操作转向变换装置，切换手把，以确保按照操作者原来的记忆习惯进行转弯。

二、大棚耕作机的保养与维护

（1）每天使用后，用水冲洗机器。在冲洗后，充分擦干机器，确保各运转和滑动部分充分加油。

（2）在冲洗机器时，请注意不要让水渗入空气滤清器的吸气口内。

（3）冲洗完成后，必须停止发动机，待过热部分冷却后再进行后续保养。

（4）需要注油的部位包括：扶手把锁紧手柄以及平面180°回转锁紧手柄支点；主离合器滚轮和操纵手柄支点及软轴拉线调节器处；转向把手和操纵手柄支点及软轴拉线调节器处；变速操纵手柄支点；支架支点；副变速杠杆支点处；副变速操纵手柄、旋耕机离合器操纵手柄支点及软轴拉线调节器处。确保这些部位都得到了适当的润滑。

第三节　温室大棚滴灌机械

大棚滴灌技术具有许多优点，如降低湿度、提高地温、节水、省工、高效和增产等。然而，在使用大棚滴灌机械时，可能会出现一些问题，如灌水器损坏、滴孔堵塞、出水均匀度差以及流量小等。为了尽量避免这些问题，用户需要注意以下几点。

一、选择合适的滴灌机械

（1）水泵选择。根据滴灌系统的需求，通过计算或按照设计要求，选择合适的水泵。确保水泵的流量和扬程满足系统的要求，并具有较高的效率和可靠性。

（2）供水管径和管长设计。通过精确的计算，设计出合理的供水管径和管长。这有助于确保供水管道的阻力最小，从而提高出水均匀度。

（3）管道材料选择。供水管道应选择具有抗老化性能的塑料管材，如 PE、PVC 等。这些材料具有较好的耐腐蚀性和耐候性，能够保证管道的长期稳定运行。

（4）灌水器选择。灌水器是滴灌系统的关键部件，需要选择出水均匀、抗堵塞能力强、安装使用方便的灌水器。根据作物的需求和土壤特性，选择合适的灌水器型号和规格。

（5）过滤器选择。选择的过滤器应为 120 目（0.125 mm）或 150 目（0.1 mm），并具有耐腐蚀、易冲洗等优点。这有助于确保滴灌系统中的水质清洁，减少堵塞和故障的发生。

二、滴灌机械的使用与维护

（1）系统压力控制。为了确保滴灌系统的正常运行，需要控制好系统压力。系统工作压力应保持在规定的标准范围内。过高或过低的压力都可能对系统造成损害，因此需要定期检查和调整系统压力。

（2）过滤器维护。过滤器是滴灌系统中的关键部件，它能够去除水中的杂质和颗粒，防止它们堵塞灌水器和供水管。因此，需要经常清洗过滤器，确保其正常工作。如果发现滤网破损或堵塞严重，应及时更换。

（3）灌水器管理。灌水器是滴灌系统的核心部件，但由于其易损坏，需要小心管理。在铺设和使用过程中，应避免踩压或在地上拖动灌水器。不用时，应轻轻卷起，妥善保存。如果发现灌水器损坏，应及时更换。

（4）防止杂物进入。为了防止杂物进入灌水器或供水管内，需要加强管理。在滴灌系统的使用过程中，应避免将杂物带入管道中。如果发现有杂物进入，应及时打开堵塞头冲洗干净。

（5）冬季防护措施。在冬季大棚内温度过低时，需要采取相应措施防止冻裂塑料件、供水管及灌水器等。例如，可以在大棚内安装保温设备，或者在晚上关闭滴灌系统，以避免管道内的水结冰膨胀导致破裂。

（6）滴灌操作注意事项。在滴灌时，需要缓缓开启阀门，逐渐增加流量，以排净空气。这样可以减小对灌水器的冲击压力，延长其使用寿命。同时，也要注意避免突然打开阀门，以免对系统造成损害。

通过以上措施，可以有效地使用和维护滴灌机械，确保其正常运行和良好的灌溉效果。同时，也要注意定期检查和保养滴灌机械，及时发现并解决问题，确保其长期稳定运行。

第七章　收　割　机　械

第一节　水稻收割机

水稻收割机是一种专门用于收割水稻的农业机械，由于其结构复杂，对操作使用技术的要求较高。为了确保水稻收割机的正常使用和延长其使用寿命，需要掌握以下知识。

一、使用要点

（一）正确掌握油门速度

正确掌握油门转速对于确保水稻收割机的最佳使用性能至关重要。为了使各部件在额定的转速下工作，发动机应在中大油门的转速下工作。这样可以避免割台、搅龙、输送槽、脱粒滚筒、出谷搅龙等部件的堵塞，确保机器的正常运行和高效的收割效果。

在作业过程中，要保持油门转速的稳定。当割到地头时，应继续以中大油门转速运转20 s左右。这样可以确保机器内的水稻得到充分脱粒，清选干净，并将稻草排除机外。然后，再降低转速，以节省燃油并延长机器的使用寿命。

（二）正确掌握割幅宽度

收割机满割幅作业可以提高作业效率，但驾驶员需要根据水稻的产量高低、田中行走的条件等情况来调整割幅的宽度，以确保收割机作业的连续性。

一般情况下，应当尽量在全割幅的状态下工作，这样可以充分利用收割机的性能，提高作业效率。

对于产量500 kg/亩以上、秆高叶茂的水稻，收割时可以使用70%~80%的割幅作业。这样可以避免因水稻产量过高而导致的机器堵塞等问题，同时也能保证作业效率。

对于产量在400 kg/亩的水稻，可以满幅作业。这样可以充分利用收割机的性能，提高作业效率。

对于水稻潮湿、田泥较烂的情况，可以使用60%的割幅作业。这样可以避免因田泥过烂而导致的机器行走困难等问题，同时也能保证作业效率。

（三）正确掌握割茬的高低

割茬的高低对于作业质量和生产效率有着重要影响，同时也与随后的田地耕翻质量密切相关。因此，正确掌握割茬的高低是非常重要的。

如果割茬过高，虽然可以提高生产效率，减轻收割机工作部件的负荷，但不利于后续的翻耕作业。因为过高的割茬会使得翻耕时土壤翻动不充分，影响耕翻质量。

　　如果割茬过低，割刀容易"吃泥"，导致割刀损坏，同时也会降低生产效率，增加收割机工作部件的负荷。此外，过低的割茬也会影响后续的稻草处理和晾晒。

　　因此，在选择割茬高度时，应该根据地块的情况、水稻的生长密度、湿度等因素进行综合考虑。一般而言，割茬高度应选择在 100~200 mm。如果地块不平整、杂草多、密度大、湿度大，则割茬应留高些；如果收获倒伏水稻，则割茬应低些。

　　需要注意的是，割茬高度的调整可以通过升降割台来实现。在调整割茬高度时，应该根据实际情况进行调整，以确保作业质量和生产效率的最大化。

（四）速度快慢

　　合理选择收割机作业速度直接关系到收割机的作业效率和作业质量。收割机的行驶挡位有六个前进挡位和两个倒挡位。在田间作业时，一般选择四个挡位，其中前进挡位有三个，后退挡位有一个。

　　如果水稻产量在 500 kg/亩以上，可以选择 1 挡作业。如果水稻产量在 400 kg/亩以上，可以选择 2 挡作业。如果水稻产量在 400 kg/亩以下，水稻茎秆为 90 cm 左右，可以选择 3 挡作业。如果水稻产量在 350 kg/亩以下，田块较干，且驾驶员技术熟练，可以选择 4 挡作业。

（五）作业路线

　　作业路线正确，可减少收割机的空行程，提高作业效率。收割机下田时，一般从田块右角进入，为了避免损失，应先用人工割 2 m×4 m 的田块。如果田埂不高，收割机也可以直接收割。对于小方块和长方块田，采用转圈回转收割方法；大块田，可先沿四周转 2 圈收割后，再插入田中开道收割，把田块分成几个长方形进行收割；不规则的田块，先直线收割，后割剩余部分。

二、使用注意事项

（一）遇湿等干

　　早晨露水较大，水稻潮湿时，通常需要等待 8~9 点钟露水干了之后再使用收割机进行收割。这样可以避免因水稻潮湿而导致的收割机工作部件堵塞和稻谷浪费。

　　如果遇到雨后的情况，也需要等待水稻上的雨水干了之后再使用收割机进行收割。这样可以确保收割机的正常工作和作业效率，同时也可以减少稻谷的浪费。

（二）先动后走

　　"先动后走"是指在收割机作业时，首先结合工作离合器，让割台、切割器、输送装置、脱粒、清选等各个工作部件先运转起来，达到额定工作转速。然后，再驾驶收割机行走，进行收割。

　　这种操作方式的主要目的是防止切割器被稻秆咬住、无法切断及工作的现象。当割台、切割器、输送装置、脱粒、清选等各个工作部件先运转起来，达到额定工作转速时，这些部件会对稻秆进行预处理，使得稻秆更容易被切割器切断。

（三）遇差就快和遇好就慢

"遇差就快，遇好就慢"是指在收割作业时，根据水稻产量的高低来调整收割机的行走速度。

当水稻产量较低，如 350 kg/亩以下时，可以选择 4 挡作业，提高收割机的行走速度。这样可以充分利用收割机的性能，提高作业效率。

当水稻产量较高，如 400 kg/亩以上时，可以选择 2 挡作业，降低收割机的行走速度。这样可以避免因水稻产量过高而导致的机器堵塞等问题，同时也能保证作业质量。

（四）一停就查

"一停就查"强调在收割机停止作业后，驾驶员应立即进行全面细致的检查和维护保养，以确保收割机始终保持良好的技术状态。在进行清扫、检查或维护保养时，驾驶员务必确保收割机的发动机已完全熄火，从而消除任何潜在的安全隐患，防止意外事故的发生。这一做法旨在保障驾驶员的人身安全，同时也有助于延长收割机的使用寿命和维持其高效性能。

第二节　玉米收割机

玉米收割机与小麦等作物收割机有所不同。在玉米收获过程中，通常需要从茎秆上摘下果穗，剥去苞叶，然后脱下籽粒。对于玉米茎秆的处理，可以选择将其切断后铺放在田间，后续再集堆处理；或者将茎秆切碎撒开，待耕地时翻入土中。另外，有些情况下，玉米收割机会在收果穗的同时将整秆切断、装车、运回进行青贮。

一、机械收割玉米的方法

用谷物联合收割机收获玉米有以下几种方法。

（1）捡拾脱粒。首先使用割晒机（或人工）将玉米割倒，并放成"人"字形条铺。经过几天晾晒后，使用装有捡拾器的谷物联合收割机进行捡拾脱粒（全株脱粒）。需要注意的是，捡拾器的毯齿需要换上较粗的才能适应玉米的捡拾作业。这种方法的优点是不需增加收获玉米的专用设备，晾晒后玉米比较干燥，脱粒后籽粒也较干燥，有利于贮藏，且清选损失较少。缺点是劳动生产率低，受气候的影响大，收获时应有干燥的天气。

（2）摘穗脱粒。谷物联合收割机换装上玉米割台，一次完成摘穗、脱粒、分离和清选等作业。留在地里的玉米茎秆，可用其他机器切碎还田。由于只有玉米果穗进入机器内，所以机器的负荷较轻，籽粒清洁率较高，脱粒损失较少，但摘穗时落粒掉穗损失较大。

（3）全株脱粒。有的谷物联合收割机换装上的玉米割台还装有切割器，先将玉米割倒，并整株喂入机器内，进行脱粒、分离和清选等作业，生产率较高。当玉米植株不很干燥时，被脱粒装置打碎的茎、叶、苞叶和穗芯等会黏附在逐镐器、筛子和滑板上，影响分离和清粮，并增大损失，且籽粒湿度也较大。

总之，在田间将玉米直接脱粒这种收获方法，要求玉米品种应具有成熟度基本一致的特点，收获时籽粒含水量应比较小（以 25%～29% 的含水量为宜），还应具有充足的烘干设备，能及时将籽粒含水量降到 15% 以下，以便贮藏。

二、玉米联合收割机的类型

玉米联合收割机通常用于收获果穗，然后将果穗用拖车运回。经过自然干燥或烘干后，再进行脱粒。这种收获方式使得果穗不易霉烂，干燥后脱粒损失较少。然而，摘穗时落粒掉穗的损失较大。

（一）纵卧辊式玉米联合收割机

纵卧辊式玉米联合收割机以国产 4YW-2 型为例，它由东方红-802 型拖拉机牵引。该机器主要用于收获两行玉米，其工作部件所需动力由拖拉机的动力输出轴提供。该机器可以一次完成摘穗、剥皮（剥去果穗的苞叶）或茎秆切碎等作业。摘穗方式为站秆摘穗，即摘穗时并不将玉米植株割倒，植株基部有 1 m 左右仍站立在田间。

该机器的组成，如图 7-1 所示。其工作过程如下。

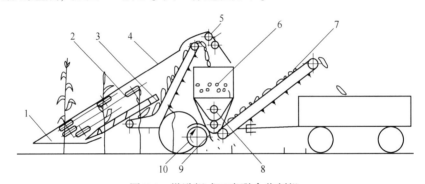

图 7-1　纵卧辊式玉米联合收割机
1—分禾器；2—拨禾链；3—摘穗辊；4—第一升运器；5—除茎器；6—剥皮装置；
7—第二升运器；8—苞叶输送螺旋；9—籽粒回收螺旋；10—切碎器

（1）机器顺垄前进，分禾器从根部将玉米茎秆扶正并引向拨禾链。

（2）链分 3 层单排配置，将茎秆扶持并引向摘穗器。

（3）摘穗辊为纵向倾斜配置，每行有一对，相对向内侧回转。两辊在回转中将茎秆引向摘辊间隙之中，并不断向下方拉送，由于果穗直径较大通不过间隙而被摘落。

（4）摘掉的果穗由摘穗辊上方滑向第一升运器。果穗经升运器被运到上方并落入剥皮装置。

（5）若果穗中含有被拉断的茎秆，则由上方的除茎器排出。

（6）剥皮装置由倾斜配置的若干对剥皮辊和叶轮式压送器组成，每对剥皮辊相对向内侧回转，将果穗的苞叶撕开和咬住，从两辊间的缝隙中拉下。

（7）苞叶经苞叶输送螺旋推向机外一侧。苞叶中夹杂的少许已脱下的籽粒，在苞叶输送中从螺旋底壳（筛状）的孔漏下。

（8）经下方籽粒回收螺旋落入第二升运器，已剥去苞叶的果穗沿剥皮辊下滑入第二升运器与回收的籽粒一起被送到拖车。

（9）经过摘穗辊碾压后的茎秆，其上部多已被撕碎或折断，基部有 1 m 左右仍站立在田间。

（10）在机器后方设有横置的甩刀式切碎器，将残存的茎秆切碎抛撒于田间。

（11）有的机器带有脱粒器和粮箱等附件。当玉米成熟度高而一致，且籽粒含水量较低时，可卸下剥皮装置和第二升运器换装脱粒器和粮箱，直接收获玉米籽粒。

（二）立辊式玉米联合收割机

以国产 4YL-2 型为例，它由东方红-802 型拖拉机牵引，主要用于收获两行玉米。工作部件所需动力由拖拉机的动力输出轴提供，可以一次性完成割秆、摘穗、剥皮和茎秆放铺或切碎等作业。摘穗方式为割秆后摘穗。

该机器的组成，如图 7-2 所示。其工作过程如下。

（1）机器顺行前进，分禾器从根部将玉米秆扶正并引向拨禾链。

（2）拨禾链将整秆推向切割器。

（3）整秆被割断后，在切割器和拨禾链的配合作用下被送向喂入链。

（4）在喂入链将整秆夹持向摘穗器输送过程中，茎秆在挡禾板作用下呈倾斜状态。

（5）根部被摘穗器抓取。摘穗器每行有两对辊为斜立式，前辊起摘穗作用，后辊起拉引茎秆的作用。

（6）在此过程中果穗被摘下，落入第一升运器并运送至剥皮装置。

（7）茎秆则落在放铺台上，经台上带拨齿的链条被间断地推放在田间。

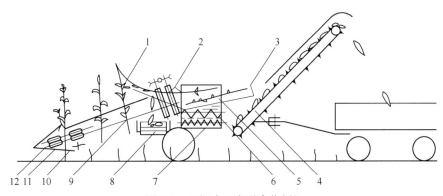

图 7-2　立辊式玉米联合收割机

1—挡禾板；2—摘穗器；3—放铺台；4—第二升运器；5—剥皮装置；6—苞叶输送螺旋；
7—籽粒回收螺旋；8—第一升运器；9—喂入链；10—圆盘切割器；11—分禾器；12—拨禾链

剥皮装置与纵卧辊式机型的结构相似，主要功能是将果穗的苞叶剥去。苞叶经过苞叶输送螺旋被推向机外。在苞叶输送过程中，苞叶中夹杂的少许已脱下的籽粒会从螺旋底壳漏下，然后经过籽粒回收螺旋被送至第二升运器。

已剥去苞叶的果穗会沿着剥皮装置的剥皮辊下落至第二升运器，与回收的籽粒一起被送到拖车。如果需要将茎秆还田，可以将放铺台拆卸下来，换装切碎器，这样可以将整秆切碎并抛撒于田间。

这两种类型的玉米联合收割机在条件适宜的情况下，工作性能基本相同。具体来说，落粒损失为 2% 以下，摘穗损失 2%~3%，总损失为 4%~5%，籽粒破碎率为 7%~10%，苞叶剥净率为 80% 以上。

但在条件较差的情况下，它们各有特点。一般在玉米潮湿、植株密度较大、杂草较多情况下，立辊式玉米联合收割机摘辊处易发生堵塞，而纵卧辊式玉米联合收割机则适应性较强、故障较少。

但在收获结穗部位较低的果穗时，立辊式机型漏摘果穗的损失较小。此外，立辊式能进行茎秆放铺，而纵卧辊式机型则不能放铺茎秆。

（三）玉米籽粒联合收割机

目前，使用较广泛的玉米籽粒收割机是专用的玉米摘穗台（又称玉米割台），它配套于谷物联合收割机上。这种组合设备通过摘穗台摘下玉米果穗，再利用谷物联合收割机上的脱粒、分离、清粮装置来实现直接收获玉米籽粒。

专用玉米摘穗台的设计简化了玉米收割机的结构，提高了谷物联合收割机的利用率，从而带来了更高的经济效益。这种设计已成为玉米收获机械化发展的趋势。

玉米摘穗台有多种类型，包括摘穗板式、切茎式、摘板切茎式等。目前，主要采用的是摘穗板式摘穗台，如图 7-3 所示。

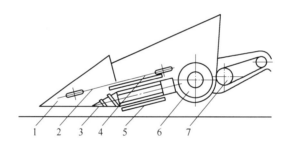

图 7-3　摘穗板式摘穗台
1—分禾器；2—拨禾链；3—拉茎辊；4—摘穗板；5—清除刀；
6—果穗螺旋推运器；7—倾斜输送器

玉米摘穗台在工作时，分禾器首先从茎秆根部将茎秆扶正，然后导向拨禾链（两组相向回转）。拨禾链将茎秆引进摘穗板和拉茎辊的间隙中。每行有一对拉茎辊，将茎秆向下拉引。在拉茎辊的上方设有两块摘穗板，两板的间隙小于果穗的直径，这样设计方便摘落果穗。

摘下的果穗被拨禾链带向果穗螺旋推运器，将果穗从割台两侧向中部输送，经中部的伸缩拨指送入倾斜输送器，再送入谷物收割机的脱粒装置去脱粒。

拉茎辊的下方设有清除刀，能及时清除缠绕在拉辊上的杂草，防止阻塞。

当将摘穗台配置在谷物联合收割机上收获玉米时，需要对脱粒、分离、清粮等装置根据所收获玉米的参数要求进行适当的调整。收获的行数则根据谷物联合收割机的收获能力来确定。

第三节　小麦收割机

一、小麦联合收割机的一般组成和工作过程

（一）组成

小麦联合收割机是一种将收割机和脱粒机通过中间输送装置连接为一体的机械，因此其构造相对较为复杂。这种机械能够在田间一次性完成切割、脱粒、分离、清选等作业，从而直接获得清洁的谷粒。

小麦联合收割机主要由以下部分组成。

收割台：用于切割小麦植株。

输送装置：将切割后的小麦输送到后续的脱粒、分离、清选等环节。

脱粒装置：对小麦进行脱粒处理，将麦粒与茎秆分离。

分离装置：将脱粒后的麦粒与茎秆进一步分离，以便后续清选。

清选装置：对分离后的麦粒进行清选，去除其中的杂质和不良籽粒。

粮箱：用于储存经过清选后的清洁谷粒。

发动机：为整个联合收割机提供动力。

传动装置：将发动机的动力传递到各个工作部件。

行走装置：使联合收割机能够在田间移动。

液压系统：为联合收割机的各个部件提供液压动力。

电气系统：控制联合收割机的各个部件的运作。

操纵装置：便于驾驶员操作联合收割机。

驾驶室：为驾驶员提供舒适的工作环境，并便于观察联合收割机的运行状态。

（二）工作过程

小麦联合收割机的工作过程包括以下五个主要工序。

（1）切割：拨禾轮将作物拨向切割器，切割器将作物割下后由拨禾轮拨倒在割台上。

（2）输送：割台螺旋推运器将割下的作物推集到割台中部，并通过伸缩扒指将作物送入倾斜输送器。然后，输送链耙将作物喂入滚筒。

（3）脱粒：大部分谷粒连同颖壳杂穗和碎稿经凹板的栅格筛孔落到阶状输送器上。同时，长茎秆和少量谷粒被抛送到逐稿器上。

（4）分离：在逐稿器的抖动抛送作用下，谷粒和杂穗短稿落到键底，然后落在阶状输送器上（长茎秆被抛到草箱或地面）。

（5）清粮：在阶状输送器和筛子抖动输送过程中，小麦和颖壳杂物逐渐分离。在落到上筛和下筛的过程中，受到风扇气流吹散作用，颖壳碎稿被吹出机外。谷粒由谷粒升运器送入粮箱，未脱净的断穗经复脱器二次脱粒后再送回阶状输送器再次清选。

二、小麦联合收割机的使用

（一）使用前的准备

在使用小麦联合收割机之前，需要进行充分的准备工作，以确保机器的正常运行和作业效果。具体准备事项如下。

（1）阅读使用说明书：使用前必须认真阅读使用说明书，了解收割机的性能、构造原理、调整方法和保养要求。只有熟悉了这些内容，才能正确操作使用收割机。

（2）检查各组成装置：按照联合收割机使用说明书的要求，对收割机的各个组成装置进行检查和调整，确保其处于可靠状态。特别要重点关注负荷大、转速高及振动大的装置，如割台部分、脱粒部分、清粮和卸粮部分等。检查时要确保这些装置没有损坏、松动或其他异常情况。

（3）润滑部位检查：检查各润滑部位的润滑油是否加足，以确保机器在运行过程中得到良好的润滑。同时，要检查各零部件有无松动、损坏，特别要以易磨损零件为重点，必要时进行更换。

（4）全面试运转：在正式收获前，要进行全面的试运转。试运转过程中要认真检查各部位的运转、传动、操作、调整等情况，确保所有部件都能正常工作。如发现问题，应及时解决，以免影响正常作业。

（二）田间准备工作

在收获前，为了确保小麦联合收割机能够顺利、高效地进行作业，需要进行以下田间准备工作。

（1）观察地块情况：在收获前，要对所要作业的地块进行观察，熟悉地块的各种情况，包括地块的大小、形状、作物生长情况、地形起伏等。这有助于确定合适的机组行走路线和收获方案。

（2）选择机组行走路线：根据地块情况和作物地形情况，选择合适的机组行走路线。要确保机组能够顺利进入地块，并在作业过程中避免不必要的转向和迂回。

（3）清除障碍物：在收获前，要清除田间可能存在的障碍物，如石头、树木、电线杆等。对于不能清除的障碍物，要做好明显的标记，以便机组在作业过程中避开。

（4）割出边道和卸粮道：对于使用牵引式联合收割机的地块，需要预先割出边道，以便机组能够顺利进入地块。如果地块较长，还需要割出卸粮道，以便将收获的谷物及时运出地块。

（三）联合收割机田间操作

1. 地头起步

当联合收割机进入地头时，应以较低的前进速度开始。但在开始收获之前，发动机必须达到正常作业转速，以确保脱粒机全速运转。对于自走式联合收割机，进入地头前应选择合适的作业挡位，并使无级变速器降到最低转速。如果需要增加前进速度，应尽量通过无级变速实现，避免更换挡位。

2. 作业油门

一般情况下，应采用大油门进行作业。联合收割机作业时应以发挥最大效能为原则，始终保持大油门作业。不允许通过减小油门来降低联合收割机的行走速度，因为这样会降低滚筒转速，影响脱粒质量，甚至可能导致滚筒堵塞。

3. 作业速度

在联合收割机作业过程中，应尽量保持直线行驶，并保持稳定的油门。通常情况下，应采用Ⅱ挡进行作业。当作物生长稠密、植株高大、产量高时，可采用Ⅰ挡作业；而当作物生长稀疏、植株矮小、产量低时，可采用Ⅲ挡作业。在早晚有雾露和雨后作业时，由于作物茎秆潮湿，速度应适当降低；而在中午前后，作物茎秆干燥，速度可以适当提高。

4. 地头转弯

当联合收割机需要在地头转弯时，应缓慢升起割台，降低前进速度。但不应减小油门，以确保脱粒滚筒继续运转。在割台升起后，可以减小油门并慢慢转弯。在作业中，如果遇到障碍物、弯道或倒手等情况，必须升起割台停止切割。

5. 拨禾轮转速

一般情况下，拨禾轮的圆周速度应与收割机的前进速度相当。既要保证拨禾轮能有效地将谷物拨向切割器切割，又要避免因拨禾轮转速太高而打掉麦粒造成损失。当谷物已经成熟且过了适宜收获期时，收获时易掉粒，应将拨禾轮转速适当调低，以防拨禾轮板击打谷穗造成掉粒损失。此时应降低作业速度。也可以选择在早晨或傍晚收割。

6. 切割幅度

在确保负荷允许的情况下，应尽量满幅或接近满幅工作，以实现最高的作业效率。但要注意避免漏割，以减少收割损失。当谷物产量高或湿度过大时，应适当减小割幅，一般将割幅减少到80%即可满足要求。

7. 割台高度

为了方便割后耕作和播种作业，割茬应尽量低。这也是收割倒伏谷物、减少切穗、漏穗的重要措施。但需要注意的是，割台高度最低不得小于6 cm，以免切割泥土，加速切割器磨损。根据作业质量标准要求，割茬最高不得超过15 cm。

8. 行走路线

在收获过程中，可以选择顺时针向心回转或逆时针向心回转的行走路线。为了便于左侧卸粮并减少空行，多采用顺时针向心回转收获。对于倒伏的作物，应逆向或侧向收割，以减少谷物收获损失。

9. 眼观耳听

驾驶员在进行收获作业时，应保持眼勤、耳勤和手勤的状态。要时刻观察驾驶台上的仪表、收割台上作物流动情况，以及各工作部件的运转情况。同时，要仔细听发动机、脱粒滚筒以及其他工作部件的声音。

当看到或听到异常情况时，应立即停机排除。例如，当听到发动机声音沉闷、脱粒滚筒声音异常，看到发动机冒黑烟时，说明滚筒内脱粒阻力过大。此时，应适当调大脱粒滚筒间隙、降低前进速度或立即踩下主离合器摘挡停车，切断联合收割机前进动力。然后加大油门进行脱粒，待声音正常后，再降低一个作业挡位或减少割幅，进行正常作业。

通过眼观耳听的方式，驾驶员可以及时发现并处理收获过程中的异常情况，确保收获作业的顺利进行。

三、小麦联合收割机的主要调整

全喂入自走式联合收割机在收获过程中，需要根据天气变化、作物稀稠、干湿程度、谷物产量、自然高度及倒伏情况等，对拨禾轮的高度、前后位置和脱粒间隙等部位进行相应的调整。

（一）拨禾轮的调整

1. 拨禾轮高低的调整

在收割直立作物时，拨禾轮的弹齿或压板应作用在被割作物高度的 2/3 处为宜。收割高秆作物时，拨禾轮的位置应高些；收割矮秆作物时，拨禾轮的位置应低些，但不能使拨禾轮碰到割刀或割台搅龙。

2. 拨禾轮前后的调整

拨禾轮与切割器、割台搅龙是相互配合工作的。拨禾轮往前调，拨禾作用增强，铺放作用减弱；往后调，作用相反。一般要求拨禾轮在不与割台搅龙相碰的情况下，使拨禾轮轴位于割刀的稍前方。当其调到最后位置时，要求拨禾轮弹齿与割台搅龙间距不小于20 mm。

3. 拨禾轮弹齿倾角的调整

当收割直立或轻微倒伏作物时，拨禾轮弹齿一般垂直向下或向前呈 15°左右。当收割横向倒伏的作物时，只许将拨禾轮适当降低即可，但一般应在倒伏方向的另一侧收割，以保证作物喂入顺利，分离彻底，减少籽粒损失；当收割纵向倒伏的作物时，应逆倒伏方向作业，但逆向收获需空车返回，会降低作业效率；当作物倒伏不是很严重时应双向来回收割，逆向收割时应将拨禾轮弹齿调整到向前倾斜 15°～30°的位置，且拨禾轮降低并向后；顺向收割时应将拨禾轮的弹齿调整到向后倾斜 15°～30°的位置，且拨禾轮升高并向前。

4. 拨禾轮转速的调整

拨禾轮转速一般用无级变速轮来调节。收割一般作物，拨禾轮圆周速度与收割机的前进速度相当；收割植株高、密度大的作物，拨禾轮圆周速度应略小于机组的前进速度；收割低矮、稀疏的作物，拨禾轮的圆周速度应稍快于收割机的前进速度。

（二）脱粒装置的调整

脱粒装置是小麦联合收割机的核心部件之一，其调整对于脱粒质量和收获效率至关重要。影响脱粒质量的主要因素包括滚筒转速和脱粒间隙。

1. 滚筒转速的调整

滚筒转速是影响脱粒效果的关键因素之一。不同种类的作物在脱粒时，需要不同的滚筒转速。一般来说，对于产量高、成熟度差、茎秆长的作物，可选用低速挡工作，以确保脱粒的彻底性；反之，对于产量低、成熟度高、茎秆短的作物，可以适当提高滚筒转速，以提高作业效率。此外，在调整滚筒转速时，还需要考虑作物的湿度和喂入量等因素。

2. 脱粒间隙的调整

脱粒间隙是指滚筒与凹板之间的距离。不同种类的作物在脱粒时，需要不同的脱粒间隙。一般要求是在脱净的前提下，尽量使脱粒间隙大些，以减少籽粒破碎和损失。但是，如果脱粒间隙过大，会导致脱粒不彻底，增加籽粒损失；如果脱粒间隙过小，会增加滚筒与凹板之间的摩擦阻力，导致机器负荷过大，甚至损坏机器。因此，在调整脱粒间隙时，需要根据作物的种类、产量、成熟度和湿度等因素进行综合考虑。

此外，在收割倒伏作物时，除尽可能减小割茬外，还要降低行走速度，以确保作物能够顺利喂入脱粒装置，减少损失。同时，还需要根据实际情况适当调整滚筒转速和脱粒间隙，以适应不同的作业条件。

四、安全操作

联合收割机驾驶操作人员必须经过农机部门或生产等相关部门的技术培训和田间模拟驾驶操作训练，并经农机监理机构考试合格，取得联合收割机驾驶操作证。驾驶证应在有效期内，并具备一定的收获作业经验。

联合收割机必须经过农机监理部门的检验合格，领取号牌和行驶证，方可使用。使用过的联合收割机必须经过全面的检修保养，技术状况良好，经农机监理机构年度安全技术检验合格，方可投入作业。

在作业前，要严格按照使用说明书进行维护保养，认真检查转向系统和制动装置的可靠性，以确保收割机处于良好状态。

参加作业的联合收割机、装粮车排气管必须装有防火罩，且不得有漏油、漏电等现象，必须配备有效的消防器材。

发动机启动前，应将变速杆、动力输出轴操纵手柄置于空挡位置。

联合收割机起步、结合动力（或工作离合器）、转弯、倒退时，应鸣喇叭或发出信号，提醒有关作业人员注意安全。并观察联合收割机周边是否有人，接粮员是否坐稳，必要时应有联络人员协助指挥。起步、结合动力挡时速度应由慢逐渐加快；转弯、倒退时应缓慢。

联合收割机各传动部位必须安装防护罩网，驾驶室及梯子必须安装牢固可靠，作业人员必须由梯子上下，不得从其他部位跳上跳下，非作业人员不得在联合收割机上停留。

作业时，联合收割机驾驶室不得超员，收割机上可乘坐接粮员1人，不得乘坐与操作无关的人员。

新的或经过大修后的收割机，使用前必须严格按照技术规程进行磨合试运转。未经磨合试运转的，不得投入使用。

在正常工作时，禁止用手直接触碰任何运转部件。若需要在收割台下部进行检修或保养，务必先将收割台升起，并使用安全托架或木块来确保其稳固支撑。

无论是进行各种调整、保养、检修，还是排除故障或添加燃油，所有这些操作都应在发动机完全停机并熄火之后进行。

作业期间，驾驶员应保持高度专注，时刻观察并倾听机器各部件的运转情况和作业质量。一旦发现任何异常响声或疑似故障，应立即停机并进行检查。

如果切割器、喂入室或其他部位发生堵塞，必须先停机并切断动力，然后进行清理和故障排除。在确认所有工作人员都已离开危险区域后，方可重新启动机器继续作业。

作业过程中，务必注意定期清理发动机散热器周围的茎秆和杂草，以预防发动机过热。如果发动机出现过热迹象，应立即停机并让其怠速运转，待温度下降后再添加防冻液或水。

在收获作业中，驾驶员应遵循"六看、二听、一闻、三不收"的原则。

"六看"包括：观察前方是否有障碍物、割台作物喂入和输送是否流畅、割茬的高低、粮仓的来粮情况、尾部出茎秆的情况以及仪表指示是否正常。

"二听"则是：倾听发动机的声音是否正常以及割台、脱粒清选部件的运转声音是否异常。

"一闻"是要注意是否有因传动皮带打滑产生高温而发出的气味。

"三不收"指的是：在露水过大、脱粒不净或清选不净的情况下不应进行收获。

接粮员在工作时应保持高度集中。一旦发现出粮口堵塞或其他问题，应立即通知驾驶员停机并排除故障。在机器完全停止运转之前，严禁将手或任何工具伸入出粮口，而且在卸粮过程中人体不得进入粮仓。

在收割机转移地块或运输状态时，应断开动力挡或分离工作离合器。同时，需要将收割台提升到最高位置，并锁定保险装置，将割台拉杆挂在前支架的滑轮轴上。在行驶途中，左右制动踏板应连锁，避免在起伏不平的道路上高速行驶。通过狭窄路段时，应有专人协助指挥驾驶。

当联合收割机在道路上行驶或转移时，必须遵守道路交通安全法律、法规规定。驾驶员应注意观察前方车辆和行人动态，遇到复杂情况时应及时停机避让。在上下坡时，不得曲线行驶、急转弯或横坡掉头。下陡坡时，不得空挡、熄火或分离离合器滑行。在坡路停留时，应采取可靠的防滑措施。

联合收割机的任何部位都不得承载重物，也不得用集草箱运载货物。在田块作物全部收获完毕后，应先慢慢降低发动机转速，再分离工作部件离合器。停机后，应切断作业离合器，锁定停车制动装置，并将收割台放置在可靠的支撑物上。

第四节　花生收割机

花生联合收割机具有一次性完成花生挖掘、抖土、摘果、分离、清选、集果等多道作业工序的能力。它具有高生产效率，作业损失少，转移速度快，使用安全可靠等优点。

一、基本结构

花生联合收割机主要由收获系统、摘果系统、清选系统等部分组成。

（一）收获系统

收获系统主要包括扶禾器、夹持输送链条、犁刀、限深轮，主要实现以下功能。

1. 扶禾与拨禾装置

扶禾器采用一对反向旋转的尖锥，起扶禾和分禾作用，把即将收获的大田花生秸秧从大田中分离出来，并扶正倒伏的秸秧。拨禾链采用带齿链条，将收拢的花生拨向夹持输送端。同时扶禾器的尖部能够将地膜划破，以利于收获。

2. 夹持输送链条

夹持输送装置的作用是保证在花生主根被挖掘铲铲断的同时将花生拔起，并迅速将其输送到摘果清选系统。

3. 犁刀

犁刀是将花生的根茎切断连同果实一起根除，犁刀的入土深度直接影响收货质量和工作效率。

4. 限深轮

限深轮的主要作用是调节犁刀的深浅。

（二）摘果系统

摘果系统是花生联合收割机中的重要部分，主要负责将花生果实与秸秧、土壤杂质进行分离。该系统主要包括抖土器、摘果箱、振动筛、清选风扇、提升器、果仓等几个部分。

1. 抖土器

位于机器前部，主要用于刚挖掘出的花生。在链条输送的过程中，通过抖土器的轻轻敲击，土壤从果实上掉落，从而实现了果实的第一次清选。这种设计可以有效地将土壤从花生果实上分离，提高了收获的纯净度。

2. 摘果箱

它由一对反向转动的倾斜式摘辊组成，每个摘辊上设有四个摘果板。这种设计使得摘果箱能够更有效地将花生果实从秸秧上摘下，提高了摘果效率。

3. 振动筛

摘下的花生荚果经凹板筛和逐稿器落入到振动筛上。在振动筛的振动和风机的共同作用下，花生荚果进行第二次清选。这种设计能够进一步去除果实中的杂质，提高收获的纯净度。

通过以上各部分的协同工作，摘果系统能够高效地将花生果实与秸秧、土壤杂质进行分离，为后续的清选和储存提供了良好的基础。

（三）清选系统

清选系统的主要任务是将花生果实与杂土进行彻底的清选和分离。

1. 清选风扇

清选风扇的作用是将振动筛上的花生果实中的草叶杂质吹出，以完成果实的第三次清选。通过风扇的吹力，可以有效地去除花生果实上的杂质，进一步提高收获的纯净度。

2. 提升器

提升器将经过清选的风扇吹过的花生果从振动筛传送到果仓中。这个过程确保了花生果实能够被安全、有效地输送到果仓中。提升器安装于机器的尾部，与果仓相连，为果实的储存和运输提供了便利。

3. 果仓

果仓是存储花生果实的容器，具有自动储存和卸果的功能。当果仓装满后，驾驶员可以通过操纵液压手柄一次性将果实卸到地面的接收苫布上。这种设计简化了操作过程，提高了工作效率。

此外，行走系统也是花生联合收割机的重要组成部分。该系统主要包括变速箱和操纵手柄等部件。变速箱将发动机的动力传到驱动轮上，驱动机器正常运行。操纵手柄则用于操纵机器顺利运行，确保收割过程的顺利进行。

液压系统则包括收获器升降操纵手柄、果仓卸载操纵手柄等部件。这些部件通过液压传动的方式，实现了收获器的升降和果仓的卸载等功能，进一步提高了机器的灵活性和效率。

二、工作过程

机器可以一次性完成花生的挖掘、除土、摘果、清选、集果等作业环节。具体过程如下。

（1）挖掘：通过机器的行走带动，反向旋转的扶禾器将倒伏的花生秸秧扶起、拢直。同时，收获器的两个犁刀深入地下，将花生挖掘出来。

（2）输送：由夹持输送链条将挖掘出的花生秸秧夹住往后输送。

（3）抖土：在输送过程中，通过收获器下部的一组抖土机构，去除夹带的大块泥土和石块等杂物，进行第一次清选。

（4）摘果：然后，花生秸秧被送入摘果箱。通过反向运转的摘辊敲击、梳理和挤压，花生果实摘落下来，完成整个摘果过程。

（5）清选：摘下的花生果实降落到振动筛上。在这里，风扇将杂质吹出，完成花生的第二次清选。

（6）存储：清选后的花生果实由提升机构运送到果仓进行存储。

（7）废弃处理：花生秸秧则通过机器后部落入收获完毕的土地上。

三、花生联合收割机的正确使用

（1）调整机组方向。在开始收获前，首先调整机组的方向，使夹秧器前端的拢秧装置对准待收的花生行。这有助于确保花生能够被正确、有效地夹持和输送。

（2）调整犁的深度。根据待收花生的生长情况，上下调整犁的深度，使之适合待收花生。合适的深度能够确保花生能够被彻底挖掘，同时避免不必要的土壤被翻动。

（3）启动机器。踩下机器"离合"踏板，使传动齿轮箱的离合手柄置于"合"的状态，使机器由慢到快运转起来。这一步骤确保机器能够平稳启动，为后续的收获作业做好准备。

（4）正常收获作业。确认机器运转正常时，降落夹秧器前端到正常工作状态，然后挂上慢1挡开始正常收获作业。此时，花生联合收割机将按照预设的程序和步骤，完成挖掘、除土、摘果、清选、集果等作业环节。

机器操作注意事项：

1）在操作过程中，应始终注意观察机器的工作状态和周围环境的变化，非操作人员不要靠近旋转的链条、链轮处，以免发生意外；

2）调整犁的深度时，不要使夹秧器的前头离地面太近，以免造成堵塞。这可能会影响机器的正常运行和收获效果；

3）停机时，应先踩下拖拉机的"离合"，然后使传动齿轮箱的离合手柄置于分离状态。这样可以确保机器平稳停止，避免因突然停机而造成的机械损坏或人员伤害。

及时清理与保养：为了提高花生收割机的作业效率和使用寿命，需要及时清理链条、链轮、振动筛、前轮上的杂物。同时，定期对机器进行保养和维护，确保其处于良好的工作状态。

第五节　玉米脱粒机

玉米脱粒机是收割机械的一种，专门用于将玉米穗上的籽粒与芯（梗）完好地脱落下来，并进行分离。在我国山区小地块种植的玉米，由于地形复杂，联合收割机作业不便，因此一般采用分段式收获的方法。在收获期，大部分玉米籽粒含水率较高，不能直接脱粒，需要经过剥皮、晾晒、脱粒等步骤。因此，正确使用与维护玉米脱粒机对于提高作业质量和生产效率至关重要。在脱粒季节结束后，对脱粒机进行必要的维护保养，可以延长其使用寿命。

一、玉米脱粒的组成及工作过程

（一）组成

玉米脱粒机主要由以下几部分组成。

脱粒滚筒：一般为钉齿形滚筒，钉齿呈螺旋线排列。有些玉米脱粒机滚筒上呈螺旋线型安装着方形板齿。

筛状凹板：凹板的型式有栅格板式、冲孔筛式和编织式，其中栅格板式凹板的脱粒和分离能力最强。

振动筛：用于进一步分离玉米粒和杂质。

风扇：通过气流将轻杂质吹出，同时促进玉米粒的流动。

配套动力：如电机或柴油机，为玉米脱粒机提供动力。

（二）工作过程

玉米脱粒机的工作过程如下。

玉米穗从进料口喂入，进入脱粒滚筒和筛状凹板组成的脱粒区域。在旋转的滚筒与筛状凹板的相互作用下，玉米粒受到撞击和搓打作用而脱落。脱落的玉米粒通过筛状凹板下落，在下落的过程中，风扇气流将轻杂质吹出，玉米粒从出粮口排出。玉米芯则沿着滚筒的轴向方向继续向后移动，直至排出机外。振动筛进一步对物料进行分离，确保玉米粒的纯净度。

在操作过程中，脱粒滚筒的转速和脱粒间隙的大小是影响玉米脱净率的重要因素。因此，需要根据玉米的干湿情况和含水率来调整滚筒转速和间隙，以获得最佳的脱净率和生产效率。同时，定期对玉米脱粒机进行维护保养也是延长其使用寿命的重要措施。

二、安全使用注意事项

使用前熟读并遵循使用说明书，确保了解正确的调整和保养步骤。

作业场地应选择平坦宽敞的地方，确保脱粒机四脚平稳牢固，以减少震动。

自然风向对出口方向有影响，应尽量使出口与自然风向一致，以减少风力对脱粒机的影响。

使用电动机作为动力的脱粒机，应检查电源线是否连接牢固，裹封严密并安装地线，确保有可靠的接地保护措施。

使用柴油机作为动力的脱粒机，应在排气管上戴防火罩，以防止火灾。

确保配套动力与脱粒机之间的传动比符合要求，避免因脱粒机转速过高导致零件损坏或紧固件松动。

使用前必须认真检查转动部位是否灵活，脱粒滚筒、风机及轴承座和其他运动部件的螺栓不得有松动现象。

检查安全设施是否齐全有效，严禁拆下防护罩。

使用前进行试运转，空转 2 min，检查机器运转是否正常，皮带轮槽是否对正，查看有无卡滞、碰撞和其他异常现象，确保机内无杂物，一切正常后方可入料。

被脱粒的玉米棒含水量不得超过 20%，含水量过高会影响脱粒效果。

玉米脱粒机工作时，喂入玉米棒的连续性和均匀性对生产效率至关重要。如果喂入不连续或量过少，会降低生产效率；而喂入过多或过快，可能会导致机器卡死、超负荷运转，甚至损坏电机和设备。因此，在喂入玉米棒时，应使用软质、平滑的物料，避免使用硬物如铁棍、铁丝、木棒等，以防止石块、木棍、金属等坚硬物进入机内。

操作人员在作业时，应遵守安全规定，穿戴好防护用品，如扎紧衣袖口、戴上口罩，长发人员应戴防护帽。未满 16 周岁的青少年或未掌握脱粒机使用规则的人员不得操作玉米脱粒机，严禁饮酒人员、孕妇、未成年人操作。

在作业过程中，操作人员应通过声音辨别机器的工作状态，如出现堵塞或其他故障，应停机后再进行清理检查、维修和调整。在任何时候，严禁手伸入喂料口、排料口及传动部件，也不得将任何物体接触传动部件，以确保安全。

玉米脱粒机不能连续作业时间过长，一般工作 8 h 左右要停机检查、调整和润滑，以防摩擦严重导致磨损、发热或变形。

玉米脱粒机工作结束前，应将投入的玉米棒完全脱净排出后空负荷停机，禁止带负荷停机。

三、维护与保养

为确保玉米脱粒机的正常运转，提高其使用寿命，必须进行定期维护和保养。以下为具体细节。

（1）每天使用前的检查。每天开始使用前，检查脱粒机上的各部位固定螺栓，确保其都已紧固，无松动现象。

专门针对滚筒固定螺母和轴承座固定螺栓进行检查，确认其紧固状态。

如发现任何螺栓松动，应使用合适的工具进行紧固。

（2）润滑保养。若机器放置超过 1 年，再次使用前应先为各轴承加注润滑脂，确保其润滑效果。

在正常工作状态下，应每班为各润滑点加注一次润滑油，以保持其良好的润滑状态。

（3）电机的特别维护。若电机长期未使用，下次启用前应先进行 5 min 的空运转，帮助排去内部的潮气。

空运转后，再带负荷使用，确保电机的正常运转。

（4）工作结束后的清理。每次工作结束后，都应卸掉三角带，确保机器处于放松状态。

清除机器内外的杂物、灰尘等，保持其干净整洁。

选择卫生且干燥的地方存放机器，以防其受到腐蚀和老化。

（5）长期存放时的保养。当玉米脱粒机需要长期存放时，首先应向各注油点、润滑点加注足量的润滑油，确保其内部部件的润滑。

选择干燥的库房或厂棚内存放脱粒机。如果条件允许，最好用枕木垫起机器，并盖上油布，这样既可以防止机器受潮，也可以避免其受到暴晒或雨淋的损害。

第八章　农用无人机

第一节　无人机概述

一、无人机用途

（一）无人机航拍/拍摄

无人机航拍/航摄系统是一种智能、稳定、高效的低空遥感系统。它以无人机为飞行平台，利用高分辨率相机系统获取遥感影像，通过空中和地面控制系统实现自动拍摄、影像获取、航迹规划和监控、信息数据压缩以及自动传输等功能。

该系统通常包括飞行平台、数据获取系统、地面监控系统和配套作业软件（如航线设计软件、航拍/航摄影像质量检查软件、影像处理软件等）。目前，固定翼无人机航拍/航摄技术最为成熟，应用最为广泛。

无人机航拍/航摄系统具有以下优势。

与卫星遥感相比，无人机航高较低，可在云下飞行作业，对天气的要求相对较低，所拍影像清晰度高、实时性好、自主性强、分辨率高。

与普通有人机航拍/航摄相比，无人机操作更加方便，起降受场地限制较小，易于转场，且能够到达人无法涉足的危险区。

目前，无人机航拍/航摄技术已在多个领域得到应用，如国土资源管理、气象勘探、测绘与监测等。

（二）喷洒农药

病虫害对粮食作物的产量影响巨大，喷洒农药是防治病虫害的重要措施之一。然而，传统的农药喷洒方式不仅辛苦，还可能对农民造成化学伤害。利用无人机进行农药喷洒具有许多优点。

首先，无人机喷洒农药时，人体基本无须直接接触农药，从而减少了农药对农户的化学伤害。

其次，无人机在空中喷洒农药，减少了地面机械对粮食作物的损伤。

此外，无人机进行的是超低空飞行，回避了严格的空中管制。无人机适用于多种地理条件，一般农用无人机（直升机）的起飞、降落最小只需要 $2\sim3$ m^2 的面积，在一般的田间都能完成起降。

而且，无人机采用 GPS 定位和自主飞行控制，随着技术的成熟，准确性日益提高，从而保证了喷洒作业的精度和安全性。

最重要的是，利用无人机进行农药喷洒的效率明显高于其他作业形式。这使得无人机成为现代农业中不可或缺的一部分，为农民提供了更高效、更安全、更准确地农药喷洒方式。

（三）无人机电力巡线

电力线路巡视是电力系统的重要日常维护工作，随着电力系统对稳定性和可靠性的要求提高，传统的人工巡视方式已不能满足当前的工作需求。人工巡视劳动强度大，效率低，且结果依赖于工人的主观感受，可能存在误判漏判，难以复查。同时，部分地区因地形、天气等因素，巡视人员无法靠近，无法开展巡视工作。

为解决这些问题，欧美等国开始尝试利用直升机进行巡线、带电作业和线路施工等工作。随着无人机技术的发展，其在重量、体积、机动性、费用、安全性等方面的优势都比通用直升机更明显，因此，利用无人机进行巡线逐渐成为电力行业的研究热点。

电力线路巡视主要分为正常巡视、故障巡视和特殊巡视三类。正常巡视是对线路本体、附属设施以及通道环境的周期性检查。故障巡视是在线路发生故障后进行检查，巡视范围可能是故障区域，也可能是完整输电线路。特殊巡视是在气候剧烈变化、自然灾害、外力影响、异常运行以及对电网安全稳定运行有特殊要求时进行检查。

在具备无人机巡视条件时，正常巡视一般可以采用无人机等空中巡视方式，部分从空中无法观察的设备（如杆塔基础、接地装置等）需采用人工巡视方式。故障巡视时，视故障类型和紧急程度，可采用无人机等空中巡视方式，或者采用无人机辅助的人工巡视方式。特殊巡视时，在因气候剧烈变化、自然灾害、外力影响等原因造成人员无法进入巡视区域的情况下，可优先采用无人机等空中巡视方式，其他情况同正常巡视。

二、无人机的构成

通常情况下，无人机外部形状的组成部分，如机身、机翼、尾翼和起落架，统称为机体。这些部分的尺寸和位置变化对无人机的使用性能和运行效率产生影响。

目前，大多数无人机都由机翼、机身、尾翼、起落装置和动力装置五个主要部分组成。

（一）机翼

机翼的主要功能是产生升力，用于支持飞机在空中飞行。同时，机翼也起到一定的稳定和操控作用。在机翼上通常安装有副翼和襟翼，通过操纵副翼可以使飞机进行滚转和转弯。此外，机翼上还可以设计安装发动机、起落架和油箱等设备。

（二）机身

机身的主要功能是装载各种设备，并将飞机的其他部件（如机翼、尾翼及发动机等）连接成一个整体。

1. 机身的基本要求

机身一方面是固定机翼和尾翼的基础，另一方面要装备动力装置、设备、起落架以及燃料等。对机身的一般要求如下。

（1）气动方面。从气动观点看，机身只产生阻力，不产生升力。因此，尽量减小尺寸，且外形为流线型。

（2）结构方面。要有良好的强度、刚度。

（3）使用方面。机身要有足够的可用容积放置设备、电池、舵机和油箱等，还要便于维修。

（4）经济性好。

2. 机身的受力

从受力的角度看，机身可以看成是两端自由、中间支撑在机翼上的梁。作用在机身上的外载荷既有分布载荷又有集中载荷，而以集中载荷为主。总体来看，机身所承受的力可分为两个方面：一是与飞机对称面平行的力，二是与飞机对称面垂直的力，共包括垂直弯曲、水平弯曲和扭转 3 种载荷。

（三）尾翼

尾翼在无人机中扮演着重要的角色，它的作用是操纵无人机的俯仰和偏转运动，确保无人机能够平稳飞行。

尾翼包括水平尾翼和垂直尾翼两部分。水平尾翼由水平安定面和升降舵组成。通常情况下，水平安定面是固定的，而升降舵是可动的。在高速飞机中，水平安定面和升降舵被整合成全动平尾。垂直尾翼则包括固定的垂直安定面和可动的方向舵。

无人机的尾翼主要承受气动载荷，通常由水平尾翼和垂直尾翼组成。尾翼和舵面的基本构造形式与机翼类似，因此在此不再重复。

尾翼的形状也是多种多样的。在选择尾翼形状时，首先要考虑的是能够获得最大的空气动力效能，并在保证强度的前提下，尽量使结构简单且质量轻。

（四）起落装置

起落装置在无人机中的作用是支撑飞机在起飞、着陆、滑行和停放时使用。无人机的起落架通常由减震支柱和机轮组成。

起落架的主要作用是承受着陆与滑行时产生的能量，使飞机能在地面跑道上运动，便于起飞、着陆时的滑跑。

无人机在地面停机位置时，通常有三个支点。按不同的支点位置分布，起落架可分为前三点式和后三点式。这两种形式的起落架主要区别在于飞机重心的位置。选用前三点式起落架，飞机的重心处于主轮前、前轮后；选用后三点式起落架，飞机重心则处于主轮之后，尾轮之前。

对于起落架，应满足以下基本要求：

（1）确保无人机能在地面自由移动；

（2）有足够的强度；

（3）飞行时阻力最小；

（4）起落架在地面运动时要有足够的稳定性与操纵性；

（5）在飞机着陆和机轮撞击时，起落架能吸收一部分能量；

（6）工作安全可靠。

（五）动力装置

动力装置的主要功能是产生拉力和推力，推动无人机前进。目前，无人机动力装置中广泛使用的包括：航空活塞式发动机配合螺旋桨推进器、涡轮喷气发动机、涡轮螺旋桨发动机、涡轮风扇发动机以及电动机。除了发动机本身，动力装置还包括一系列确保发动机正常运行的辅助系统。

除了上述五个主要部分，无人机还可能配备各种通信设备、导航设备、安全设备等，以满足操控和执行特定任务的需求。

第二节 无人机系统

无人机系统，也称为无人驾驶航空器系统，是由无人机、遥控站、指令与控制数据链以及其他经批准的型号设计规定的部件组成的完整系统。

通常，无人机系统由以下几个分系统组成。

一、无人机平台分系统

无人机平台分系统是执行任务的主要载体，它负责携带任务载荷并飞行至目标区域。无人机平台通常包括以下子系统。

（1）机体：这是无人机的主体结构，负责支撑和保护整个无人机系统。

（2）动力装置：提供无人机的动力，使其能够飞行。动力装置通常包括发动机、螺旋桨等。

（3）飞行控制子系统：负责无人机的飞行控制，包括起飞、飞行轨迹规划、着陆等。

（4）导航子系统：负责无人机的导航，确保其能够准确到达目标区域。

这些子系统共同构成了无人机平台分系统，为无人机的正常运行和执行任务提供了支持。

二、数据链分系统

数据链分系统是无人机系统中重要的组成部分，它负责实现无人机与遥控站之间的通信和数据传输。数据链分系统通常包括以下设备或系统。

（1）无线电遥控/遥测设备：用于发送遥控指令和接收无人机状态参数的设备。

（2）信息传输设备：用于将无人机拍摄的图像、视频等信息传输回遥控站的设备。

（3）中继转发设备：用于在遥控站与无人机之间转发通信和数据的设备。

三、发射与回收分系统

发射与回收分系统的主要作用是完成无人机的发射（起飞）和回收（着陆）任务。

发射与回收分系统主要包括以下设备和装置。

（1）发射车：用于将无人机从地面运输到发射位置，并完成发射动作。

（2）发射箱：用于保护无人机在运输和发射过程中的安全，同时提供必要的动力和控制系统。

（3）弹射装置：通过弹射方式将无人机从发射箱中弹出，使其获得足够的初速度和高度进行起飞。

（4）助推器：在无人机起飞初期提供额外的推力，帮助无人机快速爬升至所需高度。

（5）起落架：用于支撑无人机的重量，并帮助其在地面上滑行、起飞和着陆。

（6）回收伞：在无人机着陆时展开，减缓着陆速度，保护无人机和人员安全。

（7）拦阻网：在无人机着陆时使用，防止无人机滑出预定区域或撞击障碍物。

这些设备和装置共同构成了发射与回收分系统，为无人机的起飞和着陆提供了可靠的保障。

四、保障与维修分系统

保障与维修分系统的主要作用是完成无人机系统的日常维护，以及无人机的状态测试和维修等任务。

保障与维修分系统通常包括以下设备和系统。

（1）基层级保障维修设备：用于日常检查和维护无人机的各种设备和系统，确保其正常运行。

（2）基地级保障维修设备：用于对无人机进行全面检查、测试和维修，包括更换部件、调试系统等。

（3）维修手册和工具箱：提供详细的维修指南和必要的工具，帮助维修人员快速准确地完成维修任务。

（4）备件库：储存各种备用部件，以便在需要时进行更换或维修。

（5）培训和技术支持：为维修人员提供培训和技术支持，提高其维修技能和效率。

第三节　飞行前准备与飞行操作

一、飞行前准备

无人机在执行任务之前，需要进行大量的准备工作，以确保飞行的顺利进行和任务的顺利完成。这些准备工作是无人机操控师必须掌握的基本技能之一。飞行前准备包括信息准备、飞行前检测和航线准备三个阶段。下面将对常用典型设备及场景进行介绍，其他情况可借鉴执行。

（一）起飞场地的选取

1. 起飞场地的要求

对于无人驾驶固定翼飞机，起飞场地是必不可少的。选取能满足无人机起飞要求的跑道是非常重要的。主要考虑以下五个方面。

（1）起飞跑道的朝向：需要考虑风向和风速，以确保无人机能够顺利起飞。

（2）起飞跑道的长度：根据无人机的类型和重量，需要选择足够长的跑道，以确保无人机能够获得足够的速度和升力。

（3）起飞跑道的宽度：根据无人机的翼展和起飞要求，需要选择足够宽的跑道，以确保无人机在起飞过程中不会与跑道边缘发生碰撞。

（4）起飞跑道的平整度：跑道必须平整，以确保无人机的起飞稳定性和安全性。

（5）周围障碍物：起飞场地周围不能有高大建筑物或树木等障碍物，以确保无人机的起飞和飞行安全。

不同种类和型号的飞机对这五个方面的要求也不同。例如，重型固定翼飞机抗风性能强，要求起飞跑道的朝向不一定是正风，但是要求起飞跑道较长；大型无人机由于本身体积因素，要求起飞跑道更宽。当然，对于所有固定翼飞机要求起飞跑道尽量平整、起飞跑道尽头不得有障碍物，跑道两侧尽量不要有高大建筑物或树木。

2. 起飞场地实地勘察与选取

根据不同飞机对起飞场地的要求，有目的地进行实地勘察。当某一处场地的起飞跑道不能满足要求时，应在附近再次勘察。实在没有找到符合要求的场地时，应向上一级工程师报告，等待进一步的指导。

3. 起飞场地清整

起飞场地清整内容包括起飞跑道上较大石块、树枝及杂物的清除，用铁锹铲土填平跑道上的坑洼。用石灰粉、画线工具在地上画起跑线和跑道宽度线，适合该机型起飞的跑道宽度。

（二）气象情报的收集

气象情报的收集是无人机飞行前准备的重要环节。气象是指发生在天空中的各种大气的物理现象，如风、云、雨、雪、霜、露、闪电、打雷等。这些现象都会对飞行产生一定的影响。其中，风对飞行的影响最大，其次是温度、能见度和湿度。

在收集气象情报时，需要考虑以下因素。

（1）风：风的方向和速度对无人机的起飞和飞行轨迹都有重要影响。如果风速过大，可能会导致无人机无法起飞或飞行不稳定。因此，需要了解风的方向和速度，以便选择合适的起飞时间和航线。

（2）温度：温度的变化会影响空气的密度和流动，从而影响无人机的升力和飞行稳定性。因此，需要了解温度的变化趋势，以便调整无人机的飞行参数。

（3）能见度：能见度是指空气中可见距离的大小。如果能见度过低，会影响无人机的视线和导航精度。因此，需要了解能见度的变化趋势，以便选择合适的起飞时间和航线。

（4）湿度：湿度会影响空气的密度和流动，从而影响无人机的升力和飞行稳定性。因此，需要了解湿度的变化趋势，以便调整无人机的飞行参数。

（三）飞行前检查

为了确保无人机的飞行安全，在飞行前需要进行严格的检查，主要包括动力系统检测与调整、机械系统检测、电子系统检测和机体检查。

1. 动力系统检测与调整

（1）燃料的选择与加注。

对于两冲程活塞发动机，有酒精燃料和汽油燃料两种选择。酒精燃料主要包括无水甲醇、硝基甲烷和蓖麻油，比例为 3：1：1；汽油燃料一般为 93 号（92 号）汽油。加注时，首先准备一个手动或电动油泵及其电源，将油泵的吸油口硅胶管与储油罐连接，油泵的出油口硅胶管与飞机油箱连接。手动或电动加注相应的燃料。根据上级布置飞行任务的时间及载重情况，决定加注燃料的多少。

（2）发动机的启动与调整。

目前常用到的活塞发动机有甲醇燃料发动机和汽油燃料发动机两种。其启动过程比较复杂，但它们在启动过程中对油门和风门的调整原理相似。发动机主油门针、怠速油门针和风门的调整对发动功率、耗油量、寿命、噪声都有影响。

2. 无人机机械系统检测

（1）舵机与舵面系统的检测。

舵机是一种位置伺服驱动器，它接收一定的控制信号，输出一定的角度，适用于那些需要角度不断变化并可以保持的控制系统。在微机电系统和航模中，它是一个基本的输出执行机构。

舵机由直流电动机、减速齿轮组、传感器和控制电路组成，是一套自动控制装置。所谓的自动控制就是用一个闭环反馈控回路不断校正输出的偏差，使系统的输出保持恒定。

舵机的主要性能指标有扭矩、转度和转速。扭矩由齿轮组和电动机所决定，在 5 V（4.8~6 V）的电压下，标准舵机扭力是 5.5 kg/cm。舵机标准转度是 60°，转速是指从 0°~60° 的时间，一般为 0.2 s。

舵机检测的主要内容包括以下几点：

1）舵机的摆动角度应当能够精确地与遥控器的操作杆进行同步，确保指令的准确传递和执行；

2）当舵机从正向摆动切换到反向摆动时，应当流畅且无间隙，以确保无人机在飞行中的稳定性和敏捷性；

3）舵机的最大摆动角度应达到 60°，以满足无人机在各种飞行姿态下的需求；

4）舵机的摆动速度应在 0.2 s 内完成，以确保无人机能够迅速响应飞行指令；

5）舵机的摆动扭矩应达到 5.5 kg/cm，确保无人机在各种飞行条件下都能够保持稳定的飞行姿态和轨迹。

（2）舵机与舵面系统的调整。

舵机的调整：

1）舵机输出轴正反转间不能有间隙，如果有间隙，用旋具拧紧其固定螺钉；

2）旋臂和连杆之间的连接间隙小于 0.2 mm，即连杆钢丝直径与旋臂和舵机连杆上的孔径要相配；

3）舵机旋臂、连杆、舵面旋臂之间的连接间隙也不能太小，以免影响其灵活性。

舵面中位调整：

1）尽量通过调节舵机旋臂与舵面旋臂之间连杆的长度使遥控器微调旋钮中位、舵机旋臂中位与舵面中位对应。

2）微小的舵面中位偏差再通过微调旋钮将其调整到中位。

3）尽量使微调旋钮在中位附近，以便在现场临时进行调整。

3. 无人机电子系统检测

(1) 电控系统电源的检测。

在进行电控系统电源检测时，因为机载电控设备种类多，所以推荐使用带快接插头的数字电压表进行电压测量。具体流程如下。

1) 打开无人机舱门，暴露出自驾仪、舵机、电源等设备，并准备一个带快接插头的数字电压表。

2) 测量各类电源电压，如控制电源、驱动电源和机载任务电源等。将数字电压表的快接插头与上述电源的快接插头对接，读取并记录数字电压表的读数。

3) 正确连接各个电源。

4) 通过地面站仪表观察无人机的陀螺仪姿态、各项电压数值、卫星数量（至少需6颗卫星方可起飞）、空速值（起飞前清零）和高度（高度表清零）等参数，确保它们都在正常范围内。

5) 切换自驾/手动开关，测试其功能。当切换到自驾模式时，同时检查飞控姿态控制是否准确。测试完成后，使用遥控器切换回手动模式，此时若关闭遥控器，无人机应进入自驾模式。

6) 测试遥控器的开伞和关伞开关功能。在手动模式下，若伞仓盖已盖好，需人工按住伞仓盖进行测试；在自动模式下，通过鼠标操作地面站的开伞仓盖按钮进行测试，要求与手动模式的测试结果一致。

7) 检查舵面的逻辑功能，确保其正常工作，不出现反舵现象。

8) 进行停止运转检查。先启动发动机，然后停止，观察地面站上的转速表读数是否为零。

(2) 电控系统运行检测。

在飞行前，对无人机电控系统进行检测是必不可少的。为确保安全，首先将待检测的无人机置于开阔的空地上。接着，打开地面站、遥控器以及所有机载设备的电源，并运行地面站的监控软件。在此过程中，务必检查各项设计数据，并向机载飞控系统发送这些数据以确认上传数据的准确性。同时，也需要检查地面站和机载设备的工作状态，确保它们都处于良好的工作状态。为了方便记录检测过程中的各项数据，建议提前准备好无人机通电检查项目的记录表格。

二、飞行器操控

(一) 无人机常用起飞方法

1. 滑跑起飞

滑跑起降的无人机在起飞时，需要将飞机航向对准跑道中心线，并启动发动机。从起飞线开始滑跑加速，在滑跑过程中逐渐抬起前轮。当达到离地速度时，无人机开始离地爬升，直到达到安全高度。整个起飞过程可以分为地面滑跑和离地爬升两个阶段。

2. 母机投放

母机投放是指使用有人驾驶的飞机将无人机带上天，然后在适当位置投放起飞的方法，也称为空中投放。这种方法简单易行，成功率高，并且还可以增加无人机的航程。搭载无人机的母机需要进行适当的改装，例如在翼下增加挂架，以及增设通往无人机的油路、气路和电路。实际使用时，母机可以把无人机带到任何无法使用其他起飞方式的位置进行投放。

3. 车载起飞

车载起飞是指将无人机安装在一辆特制的跑车上，然后驾驶和操控车辆在跑道上快速滑行。随着速度的增加，作用在无人机上的升力也会增大。当升力足够大时，无人机就可以离地起飞。可以使用普通汽车作为起飞跑车，也可以使用专门设计的起飞跑车。有一种类型的起飞跑车本身没有动力，而是依靠无人机的发动机来推动。还有一种起飞跑车装有一套自动控制系统，它可以在跑道上携带无人机滑行，并掌握无人机的最佳离地时机。车载起飞的优点是可以利用现有的机场设施进行起飞，不需要复杂的起落架，而且起飞跑车结构简单，比其他起飞方法更经济。

4. 垂直起飞

无人机还可以利用直升机原理进行垂直起飞。这种无人机装备有旋翼，能够通过旋翼支撑其重量并产生升力和推力。它可以实现在空中飞行、悬停和垂直起降。

（二）副翼、升降舵和方向舵的基本功能

副翼的功能：副翼的作用是让机翼向右或向左倾斜。通过操纵副翼可以完成飞机的转弯，也可以使机翼保持水平状态，从而让飞机保持直线飞行。

升降舵的功能：当机翼处于水平状态时，拉升降舵可以使飞机抬头；当机翼处于倾斜状态时，拉升降舵可以让飞机转弯。

方向舵的功能：在地面滑行时，方向舵用于转弯。

（三）滑跑与拉起

滑跑与拉起在整个飞行过程中是非常短暂但重要的环节，决定着飞行的成败。因此，在飞行操作之前，必须将各个操作步骤程序化，才能在短暂的数秒中完成多个操作动作。下面简单介绍滑跑与拉起的动作要求。

1. 滑跑

（1）在整个地面滑跑过程中，保持中速油门，拉 $10°$ 的升降舵。

（2）缓慢平稳地将油门加到最大，等待达到一定速度。

2. 起飞

（1）在飞机达到一定速度时，自行离地。

（2）在离地瞬间，将升降舵平稳回中，让机翼保持水平飞行。

（3）等待飞机爬升到安全高度。

3. 转弯

（1）当飞机爬升到安全高度时，进行第一个转弯，将油门收到中位，然后水平转弯。

（2）调整油门，让飞机保持水平飞行，进入航线。注意在第一次转弯时保持水平飞行，以防止转弯后出现波状飞行。

（四）进入水平飞行

1. 飞行轨迹的控制

在飞机起飞后，有充足的时间对油门进行精细调整以保持飞机在水平状态飞行。然而，在进行油门调整之前，首先需要确保能够有效地控制飞机的飞行轨迹。

2. 进入水平飞行

从转弯改出之后，开始进入顺风方向的第三边飞行。此时不要急于调整油门，只有在操纵飞机一段时间后发现飞机持续爬升或下降时，才需要进行油门的调整。在进行油门调整时，需要注意的是，完成一次调整后，先让飞机飞行一会儿，观察飞行状态，然后决定是否需要进一步调整油门。

飞行航线操控通常分为手动操控和地面站操控两种方式。手动操控主要用于起飞和降落阶段，而地面站操控则用于作业阶段。

（五）降落操控

大部分无人机是可重复使用的，称为可回收无人机。也有一些无人机只使用一次，起飞后不降落，被称为不可回收无人机，例如小型无人侦察机，在完成任务后为了防止暴露发射地点会自行解体或自毁。

无人机的回收方式通常有以下几种。

1. 脱壳而落

这种方式中，只回收无人机上有价值的部分，如照相舱等，而无人机壳体则被抛弃。这种方法并不多用，因为一方面回收舱与无人机分离并不容易，另一方面被抛弃的无人机造价较高。

2. 网捕而回

用网回收无人机是近年来小型无人机常用的回收方法。网式回收系统通常由回收网、能量吸收装置和自动引导设备等部分组成。回收网有横网和竖网两种架设形式。能量吸收装置的作用是把无人机撞网的能量吸掉，以免无人机触网发生弹跳而损坏。自动引导设备通常是一部摄像机或红外接收机，用于向指挥站报告无人机返航路线的偏差。

3. 乘伞而降

伞降是无人机普遍采用的回收方法。无人机使用的回收伞与伞兵使用的降落伞并无本质区别，开伞程序也大致相同。需要注意的是，在主伞张开时，控制系统必须操纵伞带，让无人机由头朝下转成水平方向下降，以确保无人机的重要部位在着陆时不会损坏。在伞降着陆时，虽然无人机乘着回收伞，但在触地瞬间，其垂直下降速度仍会达到 $5\sim8$ m/s，产生的冲击过载很大。因此，使用伞降回收的无人机必须要加装减振装置，如气囊或气垫。在触地前，放出气囊，起到缓冲作用。

4. 气垫着陆

其原理接近气垫船，方法是在无人机的机腹四周装上一圈橡胶气囊，发动机通过管道把空气压入气囊，然后压缩空气从气囊中喷出，在机腹下形成一个高压空气区，支托无人机，防止其与地面发生猛烈撞击。气垫着陆的最大优点是不受地形条件限制，可以在不平整的地面、泥地、冰雪地或水上着陆，而且不管是大型还是小型无人机都可以使用，回收率高，使用费用低。

5. 冒险迫降

迫降就是选一块比较平坦、开阔的平地，用飞机腹部直接地降落的一种迫不得已的降落方法。当无人机遇到起落系统出故障，或燃料用完无法回到降落场地时，为保全飞机通常采用这种办法。

6. 滑跑降落

即采用起落架和轮子在跑道上滑跑着陆，缺点是需要较长的跑道，只能在地势相对开阔的地方使用。

三、飞行后维护

（一）电气维护

（1）无人机电源更换：当无人机电量不足时，需要将耗完电的电池组从电池仓中拆卸下来，并将已充满电的电源安装上去。

（2）无人机电源充电：将拆下的电源连接到充电器上，确保充电指示灯正常工作。按规定时间充好电后，拔下充电器并将充满电的电池放置在指定位置备用。

（3）电气线路检测与更换：

1）检查连接插头是否松动；

2）更换破损或老化的线路；

3）使用酒精擦拭污物以防止短路；

4）对焊点松脱处进行补焊。

（二）机体维护

无人机腐蚀的控制和防护是一项系统工程，包括补救性控制和预防性控制两个方面。补救性控制是在发现腐蚀后再设法消除它，这是一种被动的方法。预防性控制是指预先采取必要的措施防止或延缓腐蚀损伤扩展及失效的进程，尽量减小腐蚀损伤对飞行安全的威胁。预防性控制分为设计阶段、制造阶段和使用维护阶段。因此，无人机腐蚀的预防性维护也是保持无人机的安全性和耐久性的一项重要任务。

第四节　植保无人机

一、植保无人机概述

（一）植保无人机的概念

顾名思义，植保无人机是一种用于农林植物保护作业的无人驾驶飞机。这种无人飞机通常由飞行平台（如固定翼、单旋翼或多旋翼）、导航飞控系统和喷洒机构三部分组成。通过地面遥控或 GPS 飞控，植保无人机可以实现对液体药剂、固体粉剂和小颗粒农药、种子和叶面肥等物资的喷洒作业。然而，在国内市场上，植保无人机的技术和产品性能参差不齐，且缺乏能够满足大面积高强度植保喷洒要求的实用机型。

（二）植保无人机的特点

植保无人机具有作业高度低、飘移少、可空中悬停、无须专用起降机场等优点。其旋翼产生的向下气流有助于增强雾流对作物的穿透性，从而提高防治效果。此外，由于远距离遥控操作，喷洒作业人员避免了直接接触农药的风险，提高了作业安全性。

采用喷雾喷洒方式的无人机服务至少可以节约 50% 的农药使用量和 90% 的用水量，显著降低了资源成本。与油动无人机相比，电动无人机整体尺寸更小，质量更轻，折旧率更低，单位作业人工成本不高，易于保养。

（三）植保无人机喷药和传统喷药技术的区别

过去，农作物病虫害的防治主要依赖于传统的手动喷药技术。然而，这种方法不仅不安全，效率低下，而且已经无法满足现代行业发展的需求。幸运的是，随着喷药无人机的出现，这一问题得到了有效解决。那么，喷药无人机与传统喷药技术之间究竟有何区别。

1. 安全性方面

相较于传统喷药技术，使用植保无人机进行喷洒农药更为安全。这种无人机可以用于低空农业监测、植物保护以及作物授粉辅助等任务。在植保工作中，最常用的莫过于喷洒农药了。搭载摄像头的无人机能够多次飞行进行农田巡查，帮助农户更准确地了解粮食生长状况，从而更有针对性地播洒农药，防治害虫或清除杂草。其工作效率比人工打药快数百倍，并且能够避免人工打药带来的中毒风险。

2. 作业效率

植保无人机喷药比传统喷药技术作业效率更高。由于植保无人机旋翼产生的向下气流可以扰动作物叶片，使得药液更容易渗入，因此可以减少 20% 的农药用量，达到最佳喷药效果。理想的飞行高度低于 3 m，飞行速度小于 10 m/s，这大大提高了作业效率，并且更加有效地实现了杀虫效果。而传统的喷药技术速度慢、效率低，容易发生故障，还可能导致农作物不能提早上市。

3. 作业成本

植保无人机喷药比传统喷药技术更节省。使用无人机喷药服务每亩地的价格只需要 10 元，用时也仅仅只有 1 min 左右。一个植保作业组包括 6 个人、1 辆轻卡和 1 辆面包车、4 架多旋翼无人机，在 5~7 天内可以施药作业 1 万亩。与以往的传统喷药技术相比，这种方法不仅节约了成本、节省了人力和时间，而且能够提早预防农作物灾害情况，不浪费资源，同时喷洒均匀、覆盖全面。

二、植保无人机喷洒技术

（一）液滴雾化

当前，发达国家在无人机喷洒技术的研究主要集中在两个方面：一是研究雾滴的沉降规律，通过建立雾滴分布数学模型，以及如何精确应用 GPS 导航系统，在防治病虫害时达到最大效果，同时避免漏喷和重喷；二是探索不同的喷头雾化方式。

目前，主要有两种喷头雾化方式：液力式雾化和离心式雾化。其中，离心式雾化因其能减轻整个喷洒设备的重量，便于操作喷洒农药，因此被无人机广泛采用。其工作原理是利用无人机上的发电机为喷头电动机供电，将农药液通过离心力甩出，形成雾滴。通过调节喷头转速，可以轻松改变雾滴大小；而改变喷头转盘结构也可以实现这一目标。

然而，无人机飞行时的气流速度、外界大气流情况等因素都会对雾滴下落的情况造成影响，进而影响农药喷洒的区域范围和病虫害的防治效果。因此，需要对雾滴在无人机喷洒后的路径和运动状态进行进一步研究。在这方面的工作，将对未来的农药喷洒产生巨大帮助。

（二）运输及沉降过程

雾滴在喷洒和沉降过程中具有一定的不确定性，由于复杂的空气流场运动，雾滴之间可能会发生激烈的碰撞和融合。这些随机情况使得雾滴的运动状态难以预测。

因此，为了获得空气流场中雾滴的稳定流动状态，建立雾滴流场的数学计算模型是十分必要的。研究人员通常会在实验室中使用专业的软件来模拟喷雾的全过程。

计算机模型可以生动地模拟飞行器航空喷雾的整个过程，并研究分析雾滴沉降效果如何受到风速、雾滴蒸发速度、空间气流实况等因素的影响。例如，加拿大将 AGDISP 这种计算机模型应用于植物保护方面，而美国则通过输入无人机喷嘴间距、雾滴质量等相关参数以及现场大气风速、温度等数据，科学地计算出雾滴的沉降量，这对于后续研究如何更好地精确喷洒农药起到了重要作用。

（三）气候条件对喷洒的影响

提高雾滴喷洒准确率的关键之一是选择正确的喷雾时间。地形地势、无人机机翼产生的气流、喷洒作业产生的热量以及不确定的风速都会影响雾滴落在农作物上的区域范围。因此，如何最大限度减少农药液的飘散和挥发损失是一个需要深入研究的问题。

目前的研究表明，在大气温度高于 28 ℃时，应该适时停止喷洒操作以减少不必要的损失。相关资料也显示，雾滴的漂移量与风速状况呈线性关系，而影响雾滴水平运动最关键的因素是风速和风向。随着风速的增大，雾滴的漂移量也会增多。

此外，美国学者指出，新的喷雾技术研究发展控制农药漂移的关键在于雾滴的大小，这需要结合大气温度、风速等各方面因素综合考虑得出结果。

为了合理有效地控制雾滴漂移，最大限度利用农药，我们需要加强对气候的研究。因为喷洒过程本身存在很多随机性，所以研究气象因素对喷洒效果的影响是非常必要的。

三、农用植保无人机喷洒作业

（一）当日的准备

1. 无人机和材料检查

（1）确认农用植保无人机是否已经准备好，包括检查飞机结构、电池电量等关键部件。

（2）检查喷洒所需的材料是否已经准备好，如农药、肥料等，并确保其质量合格。

（3）将上述物品装入输送车上，以便于运输至作业地点。

2. 个人防护装备检查

（1）确认头盔、面罩、保护眼镜等安全装备是否完好无损，是否符合使用要求。

（2）检查长袖上衣和长裤是否合身舒适，以防止在操作过程中因衣物不合适而影响工作效率或安全。

（3）确认所有人员都已正确穿戴好防护装备，做好自我保护措施。

3. 对讲机检查

（1）检查对讲机是否可以正常使用，包括信号强度、通话质量等方面。

（2）确保所有团队成员都能够熟练使用对讲机进行通信，并熟悉相关的通信规则和术语。

（3）在作业开始前进行一次对讲机测试，确保通信畅通无阻。

（二）起飞操作

选择合适的起飞场所：确保起飞地点周边没有障碍物，选择视线良好的平坦农道作为起飞点。

（1）确认安全。所有作业相关人员应仔细检查周围是否有人员或车辆靠近，以确保安全。

（2）起飞过程。缓缓上升无人机，当回旋翼稳定后，慢慢地上升并正式起飞。

（三）喷洒作业中

（1）风速限制。如果风速超过 3 m/s，应立即停止喷洒飞行，以保证作业效果和安全性。

（2）遵守标准。严格遵守飞行高度、飞行速度和飞行距离等喷洒标准，以达到最佳喷洒效果。

（3）避免障碍物。必须预留缓冲地，不要向着有障碍物的那一边飞行，以防止意外发生。

（4）保持联络。飞控手和安全师要经常互相联系，确认飞行路径是否有障碍物，喷洒方向是否合适等。

（5）移动方式。使用输送车辆进行农用植保无人机的移动，绝对不能在车上边操作边移动。

（6）着陆安全。需要着陆进行药剂、电量等补给时，飞控手、安全师和飞控手助理要确认周围没有人和车经过危险范围。

（7）补充操作。在进行电量补给、药剂补给时，必须先确认电动机已经停止后再进行操作。

（8）休息安排。为了保持工作效率和安全，建议每小时休息一次。

（四）喷洒作业后

（1）个人卫生。喷洒作业完成后，应立即使用香皂清洗手和脸，以确保自身安全。

（2）清洁无人机。与飞控手合作，对农用植保无人机和喷洒装置进行彻底清洁。

（五）作业完成清洗时

（1）药箱处理。药箱及喷洒装置中残留的农药需要按照规定进行适当处理，避免造成环境污染。

（2）配管清理。配管中的残余农药应在不影响环境的前提下进行安全处理。

（3）其他部件清洗。药箱、配管、喷头等部件要特别注意清洗干净，确保下次使用时不会出现问题。

参 考 文 献

[1] 余友泰.农业机械化工程 [M].北京：中国展望出版社，1987.

[2] 涂同明.水稻机械化插秧必读 [M].武汉：湖北科学技术出版社，2008.

[3] 宫元娟.常用农业机械使用与维修技术问答 [M].北京：金盾出版社，2010.

[4] 胡光辉.汽车电器设计构造与检修 [M].2 版.北京：机械工业出版社，2011.

[5] 夏俊芳.现代农业机械化新技术 [M].武汉：湖北科学技术出版社，2011.

[6] 荀银忠，李杏桔.农机技术指导 [M].北京：中国农业科学技术出版社，2011.

[7] 张石，刘晓志.电工技术 [M].北京：机械工业出版社，2012.

[8] 耿端阳.新编农业机械学 [M].北京：国防工业出版社，2012.

[9] 吴海东，周洪如.农机电气技术与微信 [M].北京：机械工业出版社，2014.

[10] 刘进辉，刘英男.农机使用与维修 [M].北京：中国农业出版社，2017.

[11] 柳咏芬.现代农机运用技术 [M].北京：中国农业大学出版社，2019.

[12] 张芬莲，袁平，陈磊光.常用农业机械使用与维系 [M].北京：中国农业科学技术出版社，2019.

[13] 王兴旺，李国库，路耀明.农机使用与维修 [M].北京：中国农业科学技术出版社，2020.